JOHN D. BARROW

Der Ursprung des Universums

W0047771

Buch

Das Universum, in dem wir leben, ist in seinen besten Jahren – die meisten aufregenden Dinge hat es schon hinter sich. Anfangs war es ein Inferno der Strahlung, viel zu heiß, als daß Atome oder gar Materie hätten existieren können. Innerhalb weniger Minuten kühlte es jedoch soweit ab, daß sich die Kerne der leichtesten Elemente bilden konnten. Es sollte aber noch Millionen Jahre dauern, bis der Kosmos so kühl war, daß Atome entstanden. Nach Jahrmilliarden schließlich verdichteten sie sich zu Sternen. Sterne wiederum explodierten als Supernovae und schleuderten Helium und andere Elemente in den Kosmos – die Bedingung für die Existenz alles Lebenden.
Dieses originelle Wissenschaftsbuch ist eine »kurze Geschichte des Anfangs für Anfänger« – mit vielen konkreten Beispielen, die die komplexen Prozesse bei der Entstehung des Weltalls veranschaulichen sowie bis heute gültige Gesetzmäßigkeiten beschreiben, denen alles Geschehen im Universum unterliegt.

Autor

John D. Barrow ist Professor für Astronomie an der Universität Sussex in England. Durch seine Publikationen zu den Themenfeldern Astronomie, Mathematik und Physik wurde er international bekannt. Folgende Titel sind in deutscher Sprache erschienen: »Theorien für Alles. Die philosophischen Ansätze der modernen Physik« (1992); »Warum die Welt mathematisch ist« (1993); »Die Natur der Natur. Die philosophischen Ansätze der modernen Kosmologie« (1993); »Ein Himmel voller Zahlen. Auf den Spuren mathematischer Wahrheit« (1994); »Die linke Hand der Schöpfung. Der Ursprung des Universums« (1995, zusammen mit Joseph Silk).

John D. Barrow

Der Ursprung des Universums

Wie Raum, Zeit und Materie entstanden

*Aus dem Englischen übertragen
von Friedrich Griese*

GOLDMANN

Die Serie »Science Masters« erscheint weltweit und umfaßt populärwissenschaftliche Bücher, die von international führenden Wissenschaftlern verfaßt werden. An diesem einzigartigen Projekt beteiligen sich sechsundzwanzig Verlage, die John Brockman zusammengebracht hat. Die Idee zu dieser Serie stammt von Anthony Cheetham vom englischen Verlag Orion und von John Brockman, der eine Literaturagentur in New York leitet. Entwickelt wurde die Serie »Science Masters« in Zusammenarbeit mit dem amerikanischen Verlag BasicBooks.

Der Name »Science Masters« ist urheberrechtlich geschützt. Er gehört John Brockman Inc., New York, und ist an die Verlage lizensiert, die die Serie »Science Masters« veröffentlichen.

Umwelthinweis:
Alle bedruckten Materialien dieses Taschenbuches
sind chlorfrei und umweltschonend.

Vollständige Taschenbuchausgabe Januar 2000
Wilhelm Goldmann Verlag, München
in der Verlagsgruppe Bertelsmann GmbH
© 1998 der deutschsprachigen Ausgabe C. Bertelsmann Verlag
in der Verlagsgruppe Bertelsmann GmbH
© 1994 der Originalausgabe John D. Barrow
Originalverlag: BasicBooks, New York
Originaltitel: The Origin of the Universe
Umschlaggestaltung: Design Team München
Umschlagabbildung: TIB/HELAVUO, München
Druck: Presse-Druck, Augsburg
Verlagsnummer: 15061
KF · Herstellung: Sebastian Strohmaier
Made in Germany
ISBN 3-442-15061-2

1 3 5 7 9 10 8 6 4 2

Schön sind die Dinge, die wir sehen
Schöner jene, die wir verstehen
Am schönsten jene, die wir nicht begreifen.
Niels Steensen (Steno) 1638–1686

Inhalt

Vorwort

Das Universum, in dem wir leben, ist in seinen besten Jahren – die meisten aufregenden Dinge hat es schon lange hinter sich. Wenn Sie in einer sternklaren Nacht den Himmel betrachten, sehen Sie ein paar tausend Sterne, die sich zum größten Teil in einem breiten Streifen befinden, der sich über die Dunkelheit erstreckt und den wir Milchstraße nennen. Dies ist alles, was die Alten vom Universum wußten. Als dann Teleskope von wachsender Größe und Auflösung entwickelt wurden, erschloß sich den Menschen nach und nach ein Universum von unvorstellbarer Ausdehnung. Viele Sterne ballten sich zu Lichtinseln zusammen, die wir Galaxien nennen; diese sind von einem kühlen Meer aus Mikrowellen umgeben, dem Echo des rund fünfzehn Milliarden Jahre zurückliegenden Urknalls. Zeit, Raum und Materie scheinen ihren Ursprung in einem explosionsartigen Ereignis zu haben, aus dem das heutige Universum in einem Zustand allseitiger Expansion hervorgegangen ist, in dem es sich langsam abkühlte und ständig dünner wurde.

Am Anfang war das Universum ein Inferno der Strahlung, viel zu heiß, als daß Atome hätten existieren können. Innerhalb weniger Minuten kühlte es sich so weit ab, daß die Kerne der leichtesten Elemente sich bilden konnten. Es sollte noch Millionen Jahre dauern, bis der Kosmos so kühl war, daß ganze Atome entstehen konnten, bald gefolgt von einfachen Molekülen und nach Jahrmilliarden von den komplexen Vorgängen, durch die Materie sich zu Sternen und Galaxien verdichtete. Nachdem sich stabile planetarische Umwelten gebildet hatten, entstanden durch Prozesse, die wir noch nicht verstehen, die komplizierten Produkte der Biochemie. Doch wie und warum begann diese verwickelte Ereignisfolge? Was hat uns die moderne Kosmologie über den Beginn des Universums zu sagen?

Die verschiedenen Schöpfungsgeschichten des Altertums waren keine wissenschaftlichen Theorien im modernen Sinne. Ihr Ziel war nicht, etwas über die Struktur der Welt zu enthüllen, sondern das Gespenst des Unbekannten aus der Vorstellung des Menschen zu vertreiben. Die Alten definierten ihre Stellung innerhalb der Schöpfungshierarchie und konnten so die Welt auf sich beziehen und den schrecklichen Gedanken an das Unbekannte oder das Unerkennbare verscheuchen. Die wissenschaftlichen Darstellungen müssen heute sehr viel mehr leisten. Sie müssen tief genug sein, damit ihre Erklärungen über das Universum mehr beinhalten als das, was wir in sie eingebracht haben. Und sie müssen weit genug reichen, um Vorhersagen zu machen, an denen geprüft werden kann, ob sie in der Lage sind, das zu erklären, was wir schon über die Welt wissen. Sie sollten aus einer Ansammlung von unzusammenhängenden Fakten eine kohärente Einheit bilden.

Der moderne Kosmologe verwendet einfache, für den Laien aber nicht unbedingt einsichtige Methoden. Er geht von der Annahme aus, daß die Gesetze, die das Funktionieren der Welt lokal, hier auf der Erde, bestimmen, bis zum Nachweis des Gegenteils im ganzen Universum gelten. Stellenweise stößt man natürlich – besonders in der Vergangenheit des

Universums – auf extreme Dichte- und Temperaturverhältnisse, die außerhalb unserer direkten Erfahrung auf der Erde liegen. Manchmal sollen auch in diesen Bereichen unsere Theorien weiterhin gelten – und sie tun es auch. In anderen Fällen müssen wir allerdings mit Näherungen an die wirklichen Naturgesetze arbeiten, deren Anwendbarkeit bekannte Grenzen hat. An diesen Grenzen müssen wir versuchen, zu besseren Näherungen zu kommen, die auch die ungewöhnlichen Bedingungen, auf die wir gestoßen sind, abdecken. Viele Theorien machen Vorhersagen, die wir nicht durch Beobachtung nachprüfen können. Solche Vorhersagen bestimmen vielfach, welche Observatorien oder Satelliten künftig entwickelt werden.

Kosmologen sprechen oft über die Konstruktion »kosmologischer Modelle«. Gemeint sind damit vereinfachte mathematische Beschreibungen der Struktur und der Geschichte des Universums, die dessen wesentliche Merkmale einfangen. So wie ein Modellflugzeug einige, aber nicht alle Merkmale eines echten Flugzeugs nachbildet, kann auch ein Modell des Universums nicht hoffen, die Struktur des Universums in allen Details wiederzugeben. Unsere kosmologischen Modelle sind ein Provisorium. Zunächst behandeln sie das Universum so, als wäre es ein gleichförmiges Meer von Materie. Sie vernachlässigen, daß Materie zu Sternen und Galaxien verdichtet ist. Die Abweichungen von der vollkommenen Gleichförmigkeit werden erst berücksichtigt, wenn es um spezifischere Fragen wie die Entstehung von Sternen und Galaxien geht. Diese Strategie ist sehr erfolgreich. Es ist eines der auffälligsten Merkmale unseres Universums, daß sein sichtbarer Teil durch diese einfache Idealisierung, die ihn zu gleichförmig verteilter Materie macht, so gut beschrieben wird.

Ein anderes wichtiges Merkmal unserer kosmologischen Modelle besteht darin, daß sie Eigenschaften wie Dichte oder

Temperatur enthalten, deren numerische Werte nur durch Beobachtung zu ermitteln sind, und daß das Modell für einige dieser Größen Beobachtungswerte nur in bestimmten Kombinationen zuläßt. So kann man prüfen, ob das Modell und das reale Universum miteinander zu vereinbaren sind.

Wir haben in der Erforschung des Universums verschiedene Richtungen eingeschlagen. Außer Satelliten, Raumsonden und Teleskopen haben wir Mikroskope, Atomzertrümmerer und -beschleuniger, Computer und menschliches Denken benutzt, um unser Verständnis der gesamten kosmischen Umgebung zu erweitern. Neben den Erscheinungen in der Weite des Alls – den Sternen, Galaxien und kosmischen Großstrukturen – haben zunehmend die labyrinthischen Feinheiten in der Tiefe des unendlich Kleinen unsere Aufmerksamkeit gefunden. Dort stoßen wir auf den Atomkern und seine Teilchen, die Grundbausteine der Materie, deren Zahl so gering und deren Struktur so einfach ist, die aber zusammen zu jener ungeheuren Komplexität organisiert werden können, die uns umgibt und von der wir ein spezieller Teil sind.

Diese beiden Grenzbereiche unserer Erkenntnis – die kleine Welt der elementaren Materieteilchen und die astronomische Welt der Sterne und Galaxien – sind sich in letzter Zeit auf unerwartete Weise begegnet. Früher bildeten sie Arbeitsgebiete, auf denen verschiedene Gruppen von Wissenschaftlern sich mit je eigenen Mitteln um die Beantwortung unterschiedlicher Fragen bemühten; heute sind ihre Interessen und Methoden eng miteinander verflochten. Es ist durchaus möglich, die Entstehung von Galaxien durch die Erforschung der elementarsten Materieteilchen in Teilchenbeschleunigern tief unter der Erde zu ergründen und die Identität dieser Elementarteilchen durch die Beachtung des Lichts ferner Sterne zu klären. Und während wir uns bemühen, die Geschichte des Universums zu rekonstruieren, indem wir nach den fossilen Resten seiner Kindheit und Jugend suchen, entdecken wir, daß wir durch die Verknüpfung der größten und der kleinsten Aspekte der physikalischen Welt die Einheit des Universums besser und vollständiger erfassen.

Dieses Büchlein möchte eine kurze Darstellung des Anfangs für Anfänger sein. Was besitzen wir an gesicherten Kenntnissen über die Frühgeschichte des Universums? Welches sind die neuesten Theorien über den Anfang des Universums? Können wir sie durch Beobachtung nachprüfen, und wie hängen sie mit unserer Existenz zusammen? Dies sind einige der Fragen, die sich auf unserer Reise zu den Anfängen der Zeit stellen werden. Ich werde einige der neuesten spekulativen Theorien über die Natur der Zeit, das »inflationäre Universum« und »Wurmlöcher« vorstellen und dabei erläutern, welche Bedeutung die Beobachtungen des COBE-Satelliten haben, die im Frühjahr 1992 so euphorisch aufgenommen wurden.

Danken möchte ich meinen Kollegen und Mitarbeitern von der Kosmologie für ihre Diskussionen und Entdeckungen, die eine moderne Darstellung der Anfänge des Universums ermöglicht haben. Anthony Cheetham und John Brockman gebührt Dank für die Konzeption dieses Projektes. Ob es ebenso klug war, mich zur Teilnahme daran einzuladen, ist noch offen. Gerry Lyons und Sara Lippincott möchte ich für ihre redaktionelle Beratung danken. Meine Frau Elizabeth hat viel dazu beigetragen, daß ich diese Arbeit abschließen konnte, ohne alles andere unerledigt zu lassen. Für all das bin ich, wie immer, tief in ihrer Schuld. Jüngere Mitglieder der Familie – David, Roger und Louise – schienen von dem Projekt ausgesprochen unbeeindruckt zu sein. Sherlock Holmes mögen sie aber.

Brighton, März 1994.

Das Universum in einer Nußschale

»Ich bin Ihnen sehr dankbar«, meinte Sherlock Holmes,
»daß Sie mich auf einen Fall aufmerksam machen,
der sicherlich viel Interessantes an sich hat.«

Der Hund von Baskerville

Wie, warum und wann begann das Universum? Wie groß ist
es? Welche Form hat es? Woraus besteht es? Dies sind Fragen,
die ein wißbegieriges Kind stellen könnte, aber sie gehören
auch zu den Fragen, mit denen die moderne Kosmologie seit
Jahrzehnten gerungen hat. Was die Kosmologie für populärwissenschaftliche Autoren und Journalisten so anziehend
macht, ist unter anderem die Tatsache, daß die Fragen in
ihrem Grenzbereich sich so leicht formulieren lassen. Schaut
man sich in den Grenzbereichen der Quantenelektronik, der
DNS-Sequenzierung, der Neurophysiologie oder der reinen
Mathematik um, wird man feststellen, daß die Fachprobleme
sich hier nicht so ohne weiteres in die Umgangssprache über-
setzen lassen.

Bis in die Anfänge des zwanzigsten Jahrhunderts zogen
weder Philosophen noch Astronomen die Vorstellung in

Zweifel, daß der Raum etwas absolut Feststehendes sei – eine Arena, in der sich die Bewegungen der Sterne, der Planeten und aller anderen Himmelskörper abspielten. Dieses einfache Bild wandelte sich jedoch in den zwanziger Jahren, zunächst durch die Vorschläge von Physikern, die die Konsequenzen untersuchten, die sich aus Einsteins Darstellung der Schwerkraft ergaben, sodann durch die Beobachtungen des Lichts von Sternen in fernen Galaxien, die der amerikanische Astronom Edwin Hubble anstellte.

Hubble machte sich eine einfache Eigenschaft von Wellen zunutze. Entfernt sich ihre Quelle vom Empfänger, so sinkt die Frequenz, mit der sie empfangen werden. Probieren Sie es selbst aus: Erzeugen Sie durch Auf- und Abbewegen eines Fingers Wellen in einem stehenden Wasser und sehen Sie, wie sich die Wellenberge von dort zu einem anderen Punkt auf der Wasseroberfläche fortpflanzen. Wenn Sie sich jetzt, weiterhin Wellen erzeugend, mit Ihrem Finger von diesem Punkt entfernen, werden die Wellen dort weniger häufig ankommen, als sie erzeugt wurden. Nähern Sie sich nun mit dem Finger diesem Punkt, steigt die Empfangsfrequenz. Diese Eigenschaft ist allen Wellen gemeinsam. Sie ist bei Schallwellen dafür verantwortlich, daß die Tonhöhe sich ändert, wenn ein Polizeiauto mit Sirene an einem vorbeifährt. Licht ist ebenfalls eine Welle, und wenn seine Quelle sich vom Beobachter entfernt, wirkt sich die abnehmende Frequenz so aus, daß sichtbares Licht rötlicher wird. Man bezeichnet diesen Effekt als »Rotverschiebung«. Nähert sich die Lichtquelle dem Beobachter, steigt die Empfangsfrequenz, und sichtbares Licht wird blauer: man spricht von »Blauverschiebung«.

Hubble entdeckte, daß das Licht von den Galaxien, die er sah, eine systematische Rotverschiebung zeigte. Er maß die Stärke der Verschiebung und konnte so bestimmen, wie schnell die Lichtquellen sich entfernten; durch Vergleich der scheinbaren Helligkeit von Sternen gleicher Art (von Sternen,

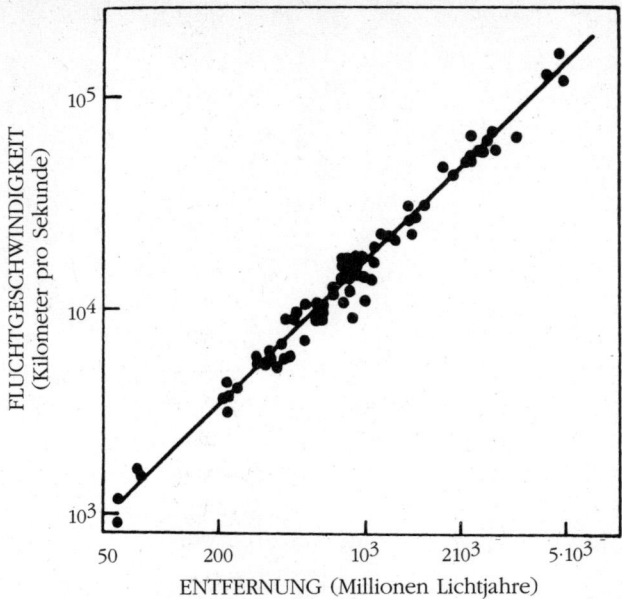

Abbildung 1.1: Eine aktuelle Illustration des Hubble-Gesetzes, aus der man ersieht, daß die Fluchtgeschwindigkeit von Galaxien in direktem Verhältnis zu ihrer Entfernung zunimmt.

die dieselbe intrinsische Helligkeit aufweisen würden) konnte er ihren relativen Abstand von uns herleiten. Hubble fand, daß die Lichtquelle, je weiter sie von uns entfernt war, sich um so schneller von uns entfernte. Man bezeichnet diesen Zusammenhang als Hubble-Gesetz; Abbildung 1.1 zeigt eine Illustration anhand neuerer Daten. In Abbildung 1.2 sieht man, wie im Lichtsignal von einer fernen Galaxie das Spektrum verschiedener Atome im Vergleich zu dem Spektrum, das die gleichen Atome im Labor aussenden, zum Roten hin verschoben ist.

Was Hubble entdeckt hatte, war die Expansion des Universums. Er fand heraus, daß das Universum keine unwandelbare Arena ist, in der wir die Planeten und Sterne vorbei-

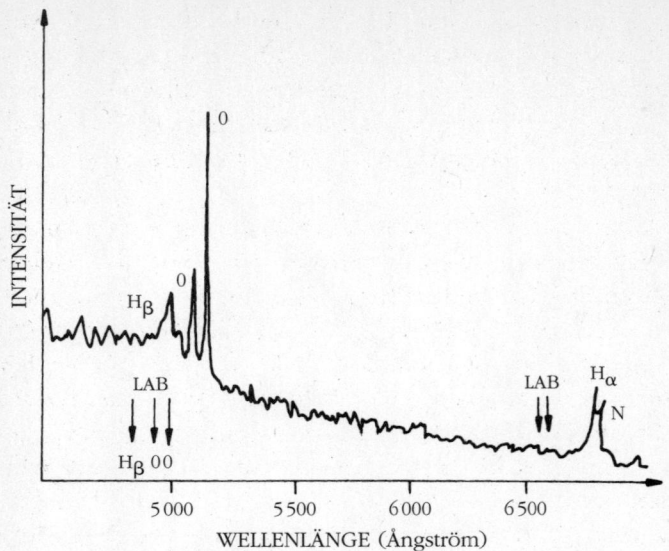

Abbildung 1.2: Das Spektrum einer fernen Galaxie (Markarian 609) zeigt, daß drei Spektrallinien (bezeichnet mit H$_\beta$, 0 und 0) bei 5000 Ångström und zwei (bezeichnet mit H$_\alpha$ und N) bei 6500 Ångström systematisch zu höheren Wellenlängen hin verschoben sind, als sie sie bei Messungen im Labor aufweisen. Die Positionen der im Labor gemessenen Linien sind durch die mit LAB bezeichneten Pfeile angezeigt; die gemessenen Positionen sind die gekennzeichneten Spitzen im Diagramm des Lichtspektrums. Die Verschiebung zum Roten hin (sichtbares rotes Licht liegt bei etwa 8000 Ångström) ermöglicht die Berechnung der Fluchtgeschwindigkeit.

ziehen sehen, sondern sich in einem dynamischen Zustand befindet. Dies war die größte wissenschaftliche Entdeckung des zwanzigsten Jahrhunderts, und sie bestätigte, was Einsteins allgemeine Relativitätstheorie vorhergesagt hatte: daß das Universum nicht statisch sein kann. Die zwischen den Galaxien wirksame gravitative Anziehung würde sie alle zusammenballen, wenn sie sich nicht voneinander entfernten. Das Universum kann nicht stillstehen.

Wenn das Universum sich ausdehnt, müßte ein Blick in die Vergangenheit uns Anhaltspunkte dafür liefern, daß es aus einem kleineren, dichteren Zustand hervorgegangen ist, einem Zustand, der irgendwann die Ausdehnung Null hatte. Dieser scheinbare Anfangszustand ist als Urknall bekannt geworden.

Aber wir schreiten etwas zu rasch voran. Bevor wir uns der Vergangenheit zuwenden, müssen wir uns mit wichtigen Merkmalen der gegenwärtigen Expansion des Universums befassen. Was ist es eigentlich, das da expandiert? In dem Film *Annie Hall* liegt Woody Allen auf der Couch seines Analytikers und erzählt von seiner Angst im Hinblick auf die Expansion des Universums: »Das heißt ja, daß Brooklyn sich ausdehnt, daß ich mich ausdehne, daß Sie sich ausdehnen, daß wir alle uns ausdehnen.« Da irrt er, Gott sei Dank. Wir dehnen uns nicht aus. Auch Brooklyn nicht. Auch die Erde nicht. Auch das Sonnensystem nicht. Und auch nicht die Milchstraßen-Galaxie. Nicht einmal die Ansammlungen von Tausenden von Galaxien, die wir »Galaxienhaufen« nennen. Diese Zusammenballungen von Materie werden alle von chemischen und Gravitationskräften zwischen ihren Bestandteilen zusammengehalten – Kräften, die stärker sind als die Expansionskraft.

Erst wenn wir über die Größenordnung der großen Haufen von Hunderten und Tausenden sichtbarer Galaxien hinausgehen, setzt sich die Expansion gegenüber der lokalen Anziehungskraft der Gravitation durch. Unser naher Nachbar, der Andromedanebel, bewegt sich zum Beispiel auf uns zu, weil die gravitative Anziehung zwischen Andromeda und der Milchstraße stärker ist als der universale Expansionseffekt. Die kosmische Expansion ist nicht an den Galaxien, sondern an den Galaxienhaufen abzulesen. Um den Sachverhalt an einem einfachen Bild zu verdeutlichen: Wenn man einen Ballon, auf dessen Oberfläche Staubteilchen sitzen, aufbläst, dehnt der Ballon sich aus, und die Staubteilchen entfernen sich voneinander, aber sie dehnen sich nicht selber aus. An ihnen kann man feststellen, wie stark das Gummi sich gedehnt hat. Die Expansion des Universums stellt man sich dementsprechend am besten als Expansion des Raums zwischen Galaxienhaufen vor, wie es Abbildung 1.3 zeigt.

Unsere nächste Frage könnte sein, was es bedeutet, daß alle Haufen sich von *uns* entfernen. Wieso von uns? Das mindeste, das jeder aus der Geschichte der Wissenschaft weiß, ist, daß Kopernikus bewiesen hat, daß die Erde nicht im Mittelpunkt des Universums liegt. Wenn wir denken, daß alles sich von *uns* entfernt, haben wir uns offensichtlich wieder in den Mittelpunkt des Alls zurückversetzt. Aber so ist es nicht. Das expandierende Universum gleicht nicht einer Explosion, die von einem Punkt *im* Raum ausgeht. Es existiert kein bestehender Raum, in den hinein das Universum expandiert. Das Universum enthält den gesamten existierenden Raum!

Denken Sie sich den Raum als eine elastische Plane. Materie, die sich auf diesem formbaren Raum befindet und bewegt, erzeugt Einbuchtungen und Krümmungen. Der gekrümmte Raum unseres Universums gleicht der dreidimensionalen Oberfläche einer vierdimensionalen Kugel – für uns unvorstellbar. Doch stellen Sie sich das Universum als ein Flachland mit nur zwei räumlichen Dimensionen vor. Es gleicht dann der Oberfläche einer dreidimensionalen Kugel – das können wir uns leicht vorstellen. Denken Sie sich jetzt, daß diese dreidimensionale Kugel größer werden kann, wie der aufgeblasene Ballon in Abbildung 1.3. Die Oberfläche des Ballons ist ein expandierendes zweidimensionales Universum. Wenn wir darauf zwei Punkte markieren, werden sie sich beim Aufblasen des Ballons voneinander entfernen. Versehen Sie jetzt die ganze Oberfläche des Ballons mit vielen Markierungen und blasen Sie ihn wieder auf. Während der Ballon sich ausdehnt, wird es Ihnen so vorkommen – egal,

Abbildung 1.3: Die Expansion des Universums, dargestellt als die Expansion von Raum. Markieren Sie Punkte auf der Oberfläche eines Ballons, die Galaxienhaufen darstellen sollen, und blasen Sie ihn auf. Der Abstand zwischen den Haufen wächst, die Größe der Haufen aber nicht. Dies entspricht einem Universum mit zwei räumlichen Dimensionen, dargestellt durch die Oberfläche des Ballons. Jeder Galaxienhaufen auf der sich dehnenden Oberfläche sieht alle anderen Haufen sich von ihm entfernen. Beachten Sie, daß das Zentrum der Expansion nicht auf der Oberfläche des Ballons liegt.

welche Markierung Sie als Ihren Standort betrachten –, als ob alle anderen Markierungen sich von *Ihnen* entfernten. Was Sie beobachten, ist ein Hubble-Gesetz der Expansion, wobei die weit voneinander entfernten Markierungen sich schneller voneinander entfernen als näher benachbarte. Aus diesem Beispiel lernen wir, daß die Oberfläche des Ballons den Raum repräsentiert, das »Zentrum«, der Expansion des Ballons aber nicht auf dieser Oberfläche liegt. Auf der Ballonoberfläche *existiert* kein Zentrum der Expansion. Es gibt auch keinen Rand. Sie können nicht vom Rand des Universums herunterfallen; das Universum expandiert nicht in etwas anderes hinein. Es ist alles, was existiert.

An dieser Stelle könnte jemand fragen, ob die Expansion, die wir im Universum beobachten, endlos weitergehen wird. Wenn wir einen Stein in die Höhe werfen, wird er zur Erde zurückkehren, zurückgeholt von der Schwerkraft der Erde. Je kraftvoller wir werfen, desto mehr Energie teilen wir dem fliegenden Stein mit, und desto höher wird er steigen, bevor er zurückkehrt. Wenn wir nun ein Geschoß auf mehr als elf Kilometer pro Sekunde beschleunigen, wird es, wie man weiß, der Anziehungskraft der Erde entfliehen. Dies ist die kritische Startgeschwindigkeit für Raketen. Raumfahrtwissenschaftler sprechen von der »Entweichgeschwindigkeit« der Erde.

Für ein explodierendes oder expandierendes System von Materie, das durch die Schwerkraftanziehung gebremst wird, gelten ähnliche Erwägungen. Wenn die Energie der Auswärtsbewegung die Energie übertrifft, die von der nach innen gerichteten Kraft der Gravitation erzeugt wird, überschreitet die Materie die Entweichgeschwindigkeit und expandiert einfach weiter. Ist aber die Anziehungskraft, welche die Gravitation zwischen ihren Teilen ausübt, stärker, so werden die in Expansion begriffenen Objekte sich schließlich wieder aufeinander zu bewegen, genau wie die Erde und der Stein. Ebenso verhält es sich bei expandierenden Universen; es gibt eine kritische Startgeschwindigkeit beim Beginn ihrer Expansion. Wenn die Geschwindigkeit diese übersteigt, wird die Gravitation der gesamten Materie in einem solchen Universum nicht imstande sein, die Expansion zu bremsen, und seine Expansion wird endlos weitergehen. Liegt die Startgeschwindigkeit dagegen unter dem kritischen Wert, wird die Expansion schließlich zum Stillstand kommen und sich umkehren, um in einer Kontraktion bis zur Ausdehnung Null zu enden – dem nämlichen Zustand, in dem sie scheinbar begann. Dazwischen gibt es das, was ich das »britische Kompromiß-Universum« nenne, das genau die kritische Startgeschwindigkeit hat, das heißt den kleinsten Wert, der dafür sorgt, daß es weiterhin endlos expandieren wird (siehe Abbildung 1.4). Es ist eines der großen Rätsel des Universums, daß es derzeit eine Expansion zeigt, die quälend nah an diesem kritischen Wert liegt. Und zwar so nah, daß wir noch nicht mit Sicherheit sagen können, nach welcher Seite es von dem kritischen Wert abweicht. Wir kennen das langfristige Schicksal des Universums nicht.

Kosmologen betrachten die Tatsache, daß wir so nah an

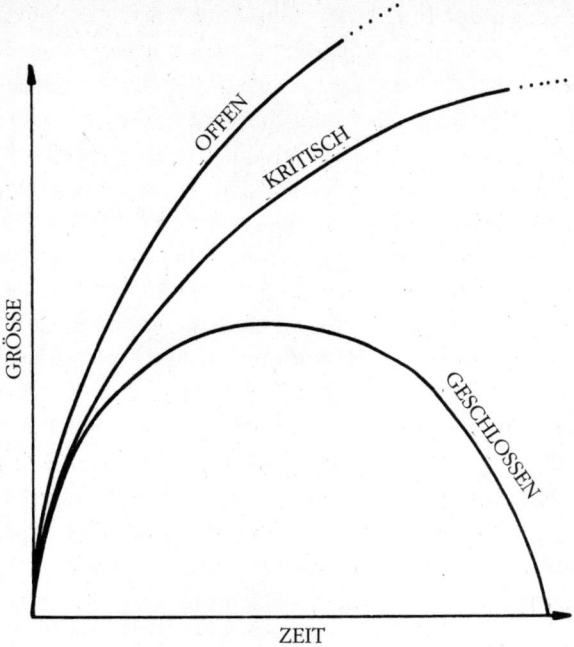

Abbildung 1.4: Die drei Spielarten eines expandierenden Universums. »Offene« Universen sind in ihrer Ausdehnung unendlich und expandieren ständig. »Geschlossene« Universen sind endlich und schrumpfen wieder zu einem »Großen Zusammenbruch«. Die Trennungslinie zwischen beiden bildet das »kritische« Universum, das unendlich groß ist und ständig expandiert.

diesem kritischen Wert liegen, als eine merkwürdige Eigenschaft des Universums, die einer Erklärung bedarf. Sie ist schwer zu verstehen, denn während das Universum expandiert und älter wird, wird es mehr und mehr von dem kritischen Wert abweichen, wenn es nicht genau mit der kritischen Startgeschwindigkeit begonnen hat. Dies macht uns großes Kopfzerbrechen. Das Universum expandiert seit rund fünfzehn Milliarden Jahren, und doch ist es noch immer so

23

nah bei dem kritischen Wert, daß wir nicht sagen können, auf welcher Seite es liegt. Wenn es nach einer so gewaltigen Zeitspanne so nah daran geblieben ist, muß die Startgeschwindigkeit des Universums so »gewählt« worden sein, daß sie von der kritischen um nicht mehr als eins zu zehn hoch fünfunddreißig abweicht. Warum? Wir werden, wenn wir uns mit dem Geschehen während der ersten Momente der universalen Expansion befassen, auf eine mögliche Erklärung für diesen äußerst unwahrscheinlichen Sachverhalt stoßen. Versuchen wir vorläufig nur zu verstehen, warum ein Universum, das Menschen enthält, nach Milliarden Jahren der Expansion sehr nah bei diesem kritischen Wert liegen muß.

Wenn das Universum anfangs schneller als mit der kritischen Geschwindigkeit expandiert, kann die Gravitation niemals lokale Inseln von Materie zusammenballen, aus denen Galaxien und Sterne entstehen. Die Sternbildung ist ein entscheidender Schritt in der Entwicklung eines Universums, das später Beobachter aufweisen soll. Sterne sind Verdichtungen von Materie, die hinreichend groß sind, um in ihrem Innern Drücke zu erzeugen, die hinreichend groß sind, um spontane Kernreaktionen auszulösen. Während einer langen, ruhigen Periode ihrer Geschichte – unsere Sonne befindet sich mitten in einer solchen Periode – verbrennen diese Reaktionen Wasserstoff zu Helium, doch im Endstadium ihres Lebens geraten Sterne in eine Kernenergiekrise. Sie durchlaufen eine explosive Phase raschen Wandels, in der Helium umgewandelt wird in Kohlenstoff, Stickstoff, Sauerstoff, Silizium, Phosphor und all die anderen Elemente, die in der Biochemie eine entscheidende Rolle spielen. Wenn Sterne in Supernovae explodieren, werden diese Elemente ins All geschleudert und gelangen schließlich in Planeten und in Menschen hinein. Die Sterne sind die Quelle all der Elemente, auf denen Komplexität und damit das Leben basiert. Jeder Kohlenstoffkern in unserem Körper ist in den Sternen entstanden.

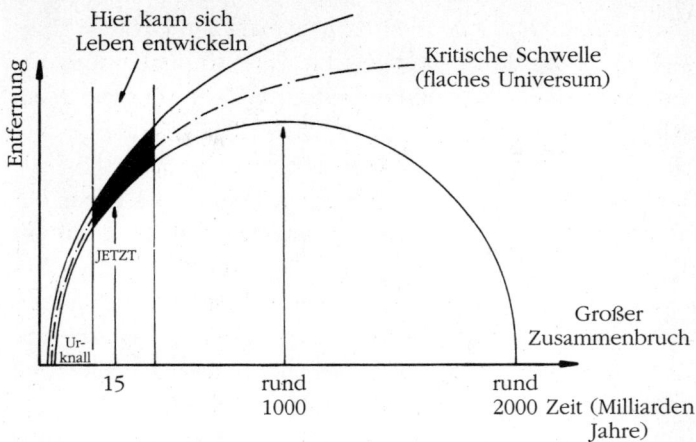

Abbildung 1.5: Universen, die zu weit oberhalb des kritischen Werts sind, expandieren zu schnell, als daß Materie sich zu Sternen und Galaxien verdichten könnte; in ihnen gibt es daher kein Leben. Diejenigen, die zu weit unter dem kritischen Wert bleiben, kollabieren, bevor sich Sterne bilden. Der geschwärzte Bereich zeigt den Spielraum kosmologischer Expansionen und Epochen an, in denen sich Beobachter entwickeln könnten.

Wir sehen also, daß Universen, die schneller als mit der kritischen Geschwindigkeit expandieren, niemals Sterne hervorbringen und folglich nie die Bausteine produzieren werden, die erforderlich sind für »lebende« Entitäten, die so komplex sind wie Menschen, oder für Computer auf Siliziumbasis. Umgekehrt wird sich bei einem Universum, das weit langsamer als mit der kritischen Geschwindigkeit expandiert, die Expansion in eine Kontraktion umkehren, bevor die Sterne Gelegenheit hatten, sich zu bilden, zu explodieren und die Bausteine von Lebewesen zu erzeugen. Auch dies wäre ein Universum, in dem kein Leben entstehen kann.

Wir kommen zu einem erstaunlichen Schluß: Nur solche Universen, die noch nach Milliarden von Jahren sehr nah am kritischen Wert expandieren, können die Materie erzeugen, aus der eine Struktur bestehen muß, die hinreichend komplex ist, um als Beobachter geeignet zu sein (siehe Abbildung 1.5). Wir sollten nicht überrascht sein, daß unser Universum so nah am kritischen Wert expandiert. In jedem anderen Universum könnten wir nicht existieren.

Die Entwicklung unseres heutigen Bildes vom expandierenden Universum und die Rekonstruktion seiner Geschichte kamen sehr langsam voran. Der belgische Priester und Physiker Georges Lemaître spielte dabei in den dreißiger Jahren eine maßgebende Rolle. Seine Theorie vom »Uratom« war eine Vorläuferin dessen, was man heute das Urknallmodell nennt. Die wichtigsten Schritte taten gegen Ende der vierziger Jahre George Gamow, ein russischer Emigrant in den Vereinigten Staaten, und seine Mitarbeiter Ralph Alpher und Robert Herman. Sie machten Ernst mit der Möglichkeit, die bekannten physikalischen Gesetze anzuwenden, um eine Vorstellung von den ersten Phasen eines expandierenden Universums zu entwickeln. Sie erkannten etwas Entscheidendes: Falls das Universum in der fernen Vergangenheit mit einem heißen, dichten Zustand begonnen hatte, müßte von diesem explosiven Anfang Strahlung zurückgeblieben sein. Genauer gesagt, erkannten sie, daß das Universum, als es nur wenige Minuten alt war, genügend heiß gewesen sein mußte, daß überall Kernreaktionen ablaufen konnten. Diese wichtigen Einsichten sollten später durch detailliertere Vorhersagen und Beobachtungen bestätigt werden.

1948 sagten Alpher und Herman vorher, daß die vom Urknall verbliebene Reststrahlung, durch die Expansion des Universums abgekühlt, jetzt eine Temperatur von rund fünf Grad über dem absoluten Nullpunkt (der absolute Nullpunkt entspricht −273° C) haben müßte, also fünf Kelvin. Ihre Vorhersage ging jedoch in der Masse der physikalischen Literatur unter. Anderthalb Jahrzehnte später machten sich einige andere Wissenschaftler Gedanken über den Ursprung eines heißen, expandierenden Universums, aber keinem war die Arbeit von Alpher und Herman bekannt. Die Kommunikation war damals noch nicht so entwickelt wie heute: Die Details der Frühgeschichte des Universums zu rekonstruieren, galt den meisten Physikern in den fünfziger und den frühen sechziger Jahren nicht als ein besonders seriöses Unternehmen. Das änderte sich jedoch 1965. Alphers und Hermans kosmisches Strahlungsfeld, manifestiert durch ein Mikrowellenrauschen, das mit gleicher Intensität aus allen Himmelsrichtungen kam, wurde durch einen glücklichen Zufall von Arno Penzias und Robert Wilson entdeckt, zwei Radio-Ingenieuren bei Bell Labs in New Jersey, die eine empfindliche Radioantenne eichten, mit der der erste Echo-Satellit verfolgt werden sollte. Wenige Meilen entfernt, an der Universität Princeton, hatte derweil eine Gruppe unter Führung des Physikers Robert Dicke nochmals errechnet, was Alpher und Herman längst veröffentlicht hatten, und damit begonnen, einen Detektor zu konstruieren, der nach Reststrahlung vom Urknall forschen sollte. Sie erfuhren von dem unerklärlichen Rauschen im Empfänger der Bell Labs und deuteten es sogleich als die Reststrahlung, nach der sie suchten. Wenn die Quelle tatsächlich Wärmestrahlung war, lag die Temperatur – 2,7 K – sehr dicht bei Alphers und Hermans genialer Schätzung. Das Phänomen wurde auf den Namen »kosmische Mikrowellen-Hintergrundstrahlung« getauft.

Mit der Entdeckung des kosmischen Mikrowellen-Hintergrundes begann die ernsthafte Erforschung des Urknallmodells. Nach und nach enthüllten andere Beobachtungen weitere Eigenschaften der Hintergrundstrahlung. Sie hatte in jeder Richtung dieselbe Intensität – mit Abweichungen von höchstens eins zu tausend. Und als man ihre Intensität auf verschiedenen Frequenzen maß, zeigte sich der charakteristische Zusammenhang zwischen Intensität und Frequenz, der das Kennzeichen reiner Wärme ist. Eine solche Strahlung

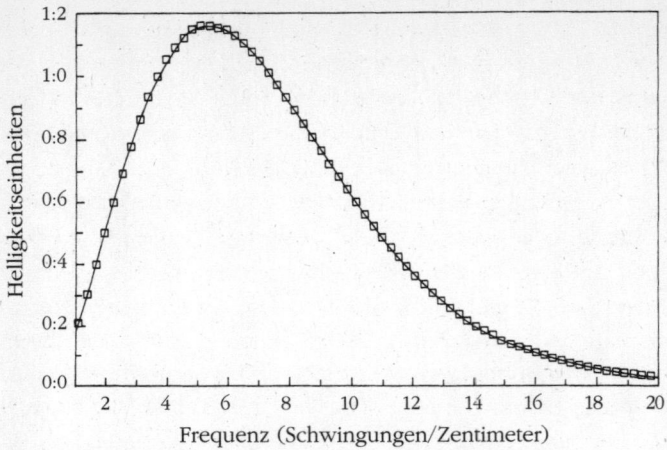

Abbildung 1.6: Der Zusammenhang zwischen der Intensität der Mikrowellen-Hintergrundstrahlung und ihrer Frequenz, wie sie der COBE-Satellit von außerhalb der Erdatmosphäre beobachtet hat. Die Beobachtungen (Kästchen) zeigen volle Übereinstimmung mit der (durchgehenden) Kurve, die die Erwartungswerte reiner Wärmestrahlung mit einer Temperatur von 2,73 K wiedergibt.

nennt man »schwarze« Strahlung oder Strahlung eines schwarzen Körpers. Leider hinderte die Absorption und Emission von Strahlung durch Moleküle der Erdatmosphäre die Astronomen an der Feststellung, daß das gesamte Spektrum der Strahlung tatsächlich das von Wärmestrahlung war. Es blieb der Verdacht, daß sie von heftigen Ereignissen herrühren könnte, die sich lange nach Beginn der Expansion im nahen Universum abgespielt hatten. Diese Zweifel konnten nur dadurch ausgeräumt werden, daß man die Strahlung von außerhalb der Erdatmosphäre beobachtete. Die Messung des gesamten Spektrums vom All aus war der erste große Erfolg des Cosmic-Background-Explorer (COBE-)Satelliten der NASA im Jahre 1989. Es war das vollendetste Spektrum eines schwarzen Strahlers, das man je in der Natur gesehen hat, und ein schlagender Beweis, daß das Universum einst mindestens Hunderttausende von Grad heißer war, als es heute ist (siehe Abbildung 1.6). Denn nur unter so extremen Bedingungen konnte die Strahlung im Universum mit einer so hohen Präzision die Form schwarzer Strahlung annehmen.

Ein anderes wichtiges Experiment, das bestätigte, daß die Hintergrundstrahlung nicht von einem jüngeren Ereignis im nahen Universum herrührte, wurde mit einem hoch fliegenden *U2*-Flugzeug durchgeführt. Diese ehemaligen Spionageflugzeuge sind extrem klein und haben eine große Tragflächenspannweite, was sie zu einer sehr stabilen Beobachtungsplattform macht. Diesmal schauten sie jedoch nicht nach unten, sondern nach oben, und sie entdeckten eine kleine, aber systematische Variation in der Himmelsstrahlung, eine Variation, die für den Fall vorhergesagt worden war, daß die Strahlung in der fernen Vergangenheit entstanden war. Falls die Strahlung ein aus den ersten Stadien des Universums stammendes, sich gleichförmig ausbreitendes Meer bildete, würden wir uns durch dieses Meer hindurchbewegen. Nimmt man alles zusammen – die Bewegung der Erde um die Sonne, die Bewegung der Sonne um die Milchstraße, die Bewegung der Milchstraße relativ zu ihren Nachbarn und so weiter –, so heißt das, daß wir uns in irgendeiner Richtung durch die Strahlung bewegen (siehe Abbildung 1.7). Die Strahlungsintensität wird am größten erscheinen, wenn wir in diese Richtung blicken, und am schwächsten in der um 180 Grad entgegengesetzten Richtung, und dazwischen sollte sie eine charakteristische Kosinus-Variation mit dem Winkel zeigen (siehe Abbildung 1.8). Es ist, wie wenn man durch den Regen läuft. Vorn wird man am meisten naß, hinten bleibt man am trockensten. Hier sind es Mikrowellen, die uns in unserer Netto-Bewegungsrichtung entgegenschlagen. Die Beobachtungen zeigten eine perfekte Kosinus-Variation, wie vorhergesagt.

Anschließend bestätigte eine Reihe anderer Experimente

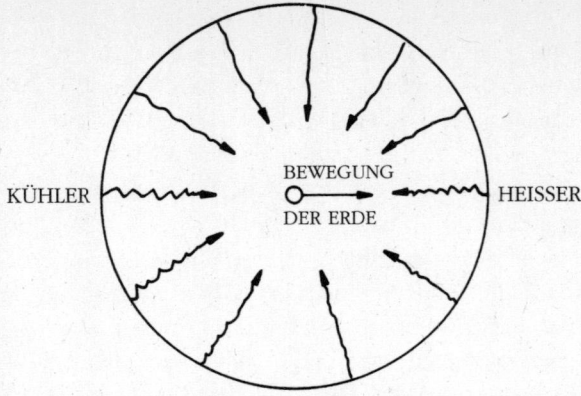

KÜHLER   BEWEGUNG   HEISSER
                      DER ERDE

Abbildung 1.7: Unsere Bewegung durch das isotrope kosmische Meer von Mikrowellen, die vom Urknall stammen. Wir messen die maximale Intensität in der Richtung, in die wir uns bewegen, und ein Minimum in der Gegenrichtung, mit einer stetigen Kosinus-Variation dazwischen.

die Entdeckung des »Großen Kosinus am Himmel«, wie man ihn bald nannte. Wir bewegen uns zusammen mit dem Galaxienhaufen, zu dem wir gehören, relativ zum Meer der kosmischen Mikrowellen. Folglich kann die Strahlung nicht in unserer Nähe entstanden sein, denn dann würde sie unsere Bewegung mitmachen, und man hätte die Kosinus-Variation in ihrer Intensität nicht beobachten können.

Unsere Bewegung durch die Hintergrundstrahlung vom Urknall ist nicht die einzige mögliche Ursache dafür, daß ihre Intensität von einer Richtung zur anderen leicht variiert. Wenn das Universum in unterschiedlichen Richtungen mit geringfügig verschiedenen Geschwindigkeiten expandiert, wird die Strahlung in den Richtungen schnellerer Expansion weniger intensiv (kühler) sein. Außerdem gibt es in gewissen Richtungen sowohl große Konzentrationen von Materie als auch Regionen ohne Materie; auch diese sollten die Intensität der Strahlung aus diesen Richtungen beeinflussen. Die Suche

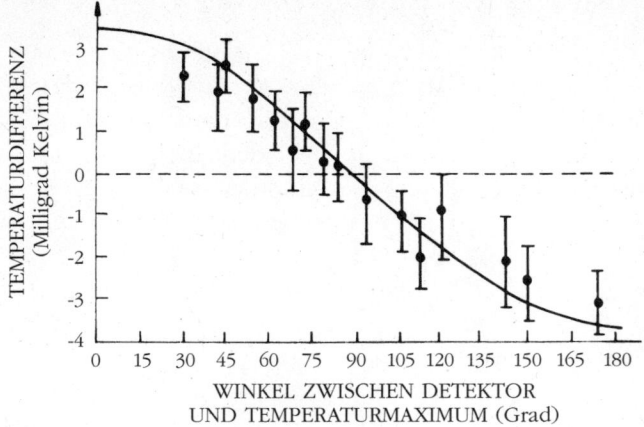

Abbildung 1.8: »Der Große Kosinus am Himmel« zeigt die tatsächlichen Temperaturdifferenzen der Mikrowellen-Hintergrundstrahlung in Milligrad Kelvin, wenn der Winkel der Beobachtung von der Richtung, in der sie maximal ist, zu der Richtung, in der sie minimal ist, variiert wird. Die Fehlerspannen zeigen die Genauigkeit der einzelnen Temperaturmessung.

nach diesen Variationen war der Grund für die Entsendung des COBE-Satelliten, und ihre Entdeckung machte 1992 in aller Welt Schlagzeilen.

Wenn wir alle diese Messungen der Intensität der Strahlung, die uns aus verschiedenen Richtungen am Himmel erreicht, durchmustern, erfahren wir einige aufsehenerregende Dinge über die Struktur des Universums. Wir stellen fest, daß es nach allen Richtungen mit gleicher Geschwindigkeit expandiert, mit Abweichungen von weniger als eins zu tausend. Wir sagen, die Expansion sei isotrop, das heißt, dieselbe nach allen Richtungen. Hätte man aus einer kosmischen Menagerie nach Belieben mögliche Universen herausgepickt, fände man zahllose Spielarten: solche, die in bestimmten Richtungen viel schneller expandieren als in anderen, oder solche, die mit hoher Geschwindigkeit rotieren, oder gar welche, die in bestimmten Richtungen schrumpfen, während sie in anderen expandieren. Doch unser Universum ist eigenartig: Es scheint in einem unwahrscheinlich wohlgeordneten Zustand zu sein, in dem die Expansion mit hoher Präzision nach allen Richtungen mit derselben Geschwindigkeit erfolgt. Es ist so, als würden Sie die Zimmer all Ihrer Kinder vollkommen aufgeräumt finden – ein höchst unwahrscheinlicher Zustand. Sie kommen zu dem Schluß, daß ein äußerer Einfluß wirksam gewesen sein muß. Ebenso muß es eine Erklärung für die auffällige Isotropie der Expansion geben.

Für die Kosmologen war die Isotropie der Expansion des Universums lange ein großes Rätsel, das erklärt werden muß. Die Art und Weise, in der man es anging, verrät etwas über die unterschiedlichen Denkrichtungen innerhalb des Faches. Zum einen konnte man sagen, daß das Universum von Anfang an isotrop expandiert habe und der gegenwärtige Zustand nur ein Ausdruck seiner speziellen Anfangsbedingungen sei. Mit anderen Worten: Es ist, wie es ist, weil es so war, wie es war. Das ist nach Lage der Dinge nicht sonderlich hilfreich. Es erklärt nichts. Aber es könnte natürlich stimmen. In diesem Fall könnten wir hoffen, irgendwann ein tiefes »Prinzip« zu finden, das einen Anfangszustand isotroper Expansion verlangt. Ein solches Prinzip könnte andere, lokalere Anwendungen haben, durch die es sich offenbaren könnte. Das Unangenehme an diesem Ansatz ist, daß er die Last, den gegenwärtigen Zustand des Universums zu erklären, ganz seinem unbekannten (und möglicherweise unerkennbaren) Anfangszustand aufbürdet.

Ein zweiter Ansatz betrachtet den gegenwärtigen Zustand als Folge von physikalischen Prozessen, die noch immer im Universum ablaufen. Mag also sein Anfangszustand auch noch so unregelmäßig gewesen sein, im Laufe von Jahrmilliarden werden die Unregelmäßigkeiten allesamt ausgeglichen, und zurück bleibt ein Zustand isotroper Expansion. Der

Vorzug dieses Ansatzes ist, daß man mögliche Forschungsprogramme aus ihm ableiten kann: Gibt es kosmische Prozesse, die Nichtgleichförmigkeiten in der Expansion zu glätten vermögen? Wie lange dauert die Glättung? Können diese Prozesse bis zum heutigen Tag jedes beliebige Maß von Unregelmäßigkeit ausgeschaltet haben, oder können sie nur ein begrenztes Maß bewältigen? Diese Strategie erlaubt uns zu sagen, daß, gleichgültig, wie das Universum angefangen hat, in seiner Frühgeschichte unausweichlich bestimmte Prozesse entstanden, die dafür sorgten, daß es nach fünfzehn Milliarden Jahren der Expansion praktisch so aussieht, wie wir es heute sehen.

Die letztere Auffassung klingt zwar sehr ansprechend, hat aber eine Kehrseite. Wenn sich zeigen läßt, daß der gegenwärtige Zustand des Universums ungeachtet der Anfangsbedingungen zustande kommt, dann vermögen unsere Beobachtungen seiner Struktur uns nichts über diese Anfangsbedingungen zu sagen, denn der gegenwärtige Zustand wäre mit jedem Anfangszustand zu vereinbaren. Wenn die gegenwärtige Struktur des Universums – die Isotropie seiner Expansion und die Muster, die in der Häufung von Galaxien erkennbar sind – dagegen teilweise die Anfänge des Universums widerspiegelt, dann wäre es möglich, etwas über den Anfangszustand des Universums auszumachen, indem man es heute beobachtet.

Der große Universalkatalog

»Alle anderen Männer sind Spezialisten,
doch seine Spezialität ist Allwissenheit.«

The Bruce-Partington Plans

Als Einstein 1915 seine Allgemeine Relativitätstheorie veröffentlichte, herrschte nicht die Überzeugung vor, daß das Universum von jenen riesigen Ansammlungen von Sternen bevölkert ist, die wir Galaxien nennen. Gemeinhin glaubte man, daß diese außerirdischen Lichtquellen – damals nannte man sie »Nebel« – in unserer Milchstraße lägen. Auch hatten Astronomen oder Philosophen bis dahin mit keinem Wort angedeutet, daß das Universum etwas anderes als statisch sei. Das war das geistige Klima, in dem Einstein seine neue Theorie der Gravitation vortrug. Im Unterschied zu Newtons klassischer Beschreibung der Gravitationskräfte, die von Einsteins Theorie mit eingeschlossen und überholt wurde, wies die Allgemeine Relativitätstheorie die ungewöhnliche Fähigkeit auf, ganze Universen zu beschreiben, auch wenn sie von unendlicher Ausdehnung waren. Für Einsteins Gleichungen hat man bisher nur die einfachsten Lösungen gefunden. Zum

Glück beschreiben die sehr einfachen Lösungen das Universum, das wir sehen, recht gut.

Als Einstein zu untersuchen begann, was seine neuen Gleichungen über das Universum enthüllten, tat er zunächst, was Wissenschaftler generell tun – er vereinfachte das zu lösende Problem. Das reale Universum mit allem Drum und Dran war viel zu kompliziert, um damit fertig zu werden; und so vereinfachte er es durch die Annahme, daß die Materie überall gleichförmig verteilt sei. Das heißt, er vernachlässigte die örtlich verschiedene Materiedichte, welche die Himmelskörper begründen. Er nahm außerdem an, daß das Universum nach allen Richtungen gleich aussieht. Das sind, wie wir inzwischen wissen, hervorragende Näherungen in bezug auf den Zustand des Universums, und Kosmologen machen davon noch immer Gebrauch, wenn sie etwas über die gesamte Entwicklung des Universums ableiten möchten. Doch dann entdeckte Einstein zu seinem großen Kummer, daß seine Gleichungen verlangten, daß Universen dieser Art im Zeitverlauf entweder expandieren oder schrumpfen. Daran ist nichts Geheimnisvolles. Es gilt sogar in Newtons Beschreibung der Gravitation. Wenn man eine Wolke von Staubteilchen im All aussetzt, werden sie eine gravitative Anziehung aufeinander ausüben, und die Wolke wird sich allmählich zusammenballen. Nur ein Umstand kann das verhindern – eine Art Explosion, die die Teilchen auseinandertreibt. Sie können nicht in einem unveränderten Zustand verharren, es sei denn, eine andere Kraft greift ein, die der Gravitation entgegenwirkt. In Awesenheit dieser Gegenkraft wird die gravitative Anziehung zwischen einer statischen Verteilung von Sternen und Galaxien bewirken, daß sie ineinanderstürzen.

Diese seiner Theorie implizite Vorhersage machte Einstein sehr zu schaffen. Anscheinend besaß er nicht den Mut, unumwunden zu behaupten, daß das Universum nicht statisch sei. Ein expandierendes Universum war damals eine sehr aus-

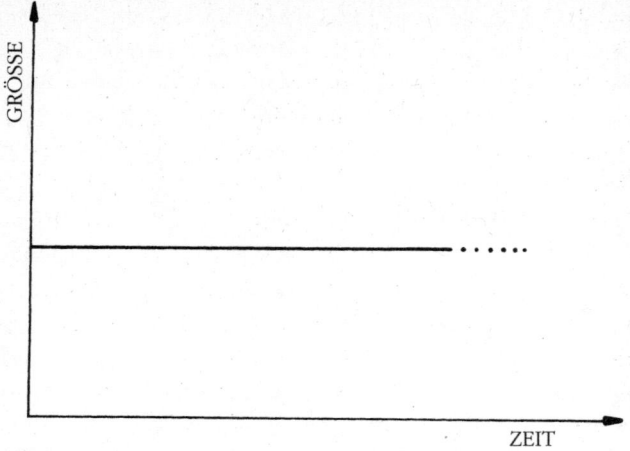

GRÖSSE

ZEIT

Abbildung 2.1: Ein statisches Universum hat eine Größe, die sich nicht mit der Zeit ändert. Es hat keinen Anfang und kein Ende.

gefallene Vorstellung. Also dachte er über zulässige Wege nach, seine neue Gravitationstheorie so zu modifizieren, daß die Möglichkeit einer Expansion oder Kontraktion des Universums ausgeschlossen war. Einstein erkannte, daß man in die Gleichung ein Glied einfügen konnte, das eine Abstoßungskraft repräsentierte, die dem Einfluß der Gravitation auf Materieteile entgegenwirkte. Fügte er dieses Glied – er nannte es »kosmologische Konstante« – in seine Allgemeine Relativitätstheorie ein, so konnte er ein Modell finden, in dem die Abstoßung die Anziehung der Schwerkraft exakt aufhob. Man bezeichnet dieses Modell als Einsteins statisches Universum (siehe Abbildung 2.1).

1922 untersuchte Alexander Friedmann, ein junger Mathematiker und Atmosphärenphysiker in St. Petersburg, Einsteins Berechnungen und kam zu dem Schluß, daß der Meister etwas Wichtiges übersehen hatte. Das statische Universum war gewiß *eine* Lösung der modifizierten Gleichungen, aber es war nicht die einzige. Es gab andere Lösungen, welche die expandierenden Universen beschrieben, die die ursprünglichen Gleichungen gefordert hatten. Mit Einsteins Gegenkraft zur Gravitation war die Expansion des realen Universums nicht zu umgehen. Friedmann fand all die möglichen expandierenden Universen, welche die Gleichungen der Allgemeinen Relativitätstheorie zuließen, und übermittelte Einstein seine Befunde. Zunächst glaubte Einstein, Friedmann habe sich schlicht verrechnet. Doch Friedmanns Kollegen belehrten ihn rasch eines Besseren, und er begriff, daß die Einbeziehung der kosmologischen Konstante ein unrealistisches statisches Universum erzeugte: Auch nur die geringste Änderung an Einsteins statischem Universum würde bewirken, daß es zu expandieren oder zu kontrahieren begänne. Es war, ins Kosmische übertragen, die Balance einer Nadel auf ihrer Spitze.

Viele Jahre später bezeichnete Einstein die Einbeziehung der kosmologischen Konstante als »die größte Eselei meines Lebens«. Indem er sie in seine Gleichungen einfügte, versäumte er die Gelegenheit, die sensationelle Vorhersage zu machen, daß unser Universum expandiert. Dieses Verdienst fiel Alexander Friedmann zu. Leider hat Friedmann nicht mehr erlebt, daß seine Vorhersage sieben Jahre später durch die Beobachtungen von Edwin Hubble bestätigt wurde und das Paradigma des expandierenden Universums allgemeine Anerkennung fand. Seine meteorologischen Forschungen veranlaßten Friedmann, oftmals mit Ballons in gefährliche Höhen aufzusteigen – eine Zeitlang hielt er den Welt-Höhenrekord –, und 1925 starb er an den Nachwirkungen eines solchen Fluges. Sein Tod war ein großer Verlust für die Wissenschaft. Er wurde nur siebenunddreißig Jahre alt.

Nun hatte Einstein zwar die herkömmliche Vorstellung von einem statischen Universum übernommen, aber das heißt nicht, daß seine Vorgänger die Möglichkeit ausschlossen, daß sich am Zustand des Universums etwas ändern könnte. Obwohl man an eine Expansion oder Kontraktion des Universums nicht gedacht hatte, wurde doch viel darüber spekuliert, daß das Universum in einen zunehmend ungeordneten und unbewohnbaren Zustand absinken könnte. Diese Erwartung wurde aus der Erforschung der Wärme als Energiequelle abgeleitet. Die industrielle Revolution hatte etliche Fortschritte in Wissenschaft und Technik mit sich gebracht, von denen der wichtigste die Konstruktion und das theoretische Verstehen von Maschinen und Dampfmaschinen war. Aus diesen Entwicklungen entstand die Wärmelehre, die Wärme als eine Form von Energie betrachtet. Man erkannte, daß Energie eine Erhaltungsgröße ist, die weder erzeugt noch zerstört, sondern nur aus einer Form in eine andere überführt werden kann. Aber das war nicht alles. In bestimmten Formen ist Energie besser nutzbar als in anderen. Das Maß ihrer Nutzbarkeit ist ein Maß der Ordnung jener Form, in der die Energie existiert: je ungeordneter, desto weniger nutzbar. Diese Unordnung, die man als »Entropie« bezeichnete, scheint bei natürlichen Prozessen stets zuzunehmen. Daran ist in gewisser Hinsicht nichts Rätselhaftes. Ihr Schreibtisch und die Zimmer Ihrer Kinder scheinen sich stets von einem Zustand der Ordnung zu einem Zustand der Unordnung zu entwickeln, aber niemals umgekehrt. Die Möglichkeiten, daß Ordnung in Unordnung übergeht, sind soviel zahlreicher als der umgekehrte Fall, daß die erstere Tendenz praktisch die einzige ist, die wir in der Realität beobachten. Diese Idee wurde aufbewahrt im berühmten »Zweiten Hauptsatz der Thermodynamik«, der besagt, daß die Entropie eines abgeschlossenen Systems niemals abnimmt.

Rudolf Clausius – er formulierte 1850 den Zweiten Hauptsatz und erdachte auch den Begriff »Entropie« – und andere waren von wärmegetriebenen Maschinen so fasziniert, daß sie so weit gingen, das Universum selbst als ein geschlossenes System zu betrachten, das denselben thermodynamischen

Gesetzen unterliegt. So entstand die reichlich pessimistische langfristige Perspektive, daß alles einem uninteressanten, strukturlosen Zustand zuzustreben scheine, in dem alle geordneten Formen von Energie im Universum schließlich eine Entwertung erfahren würden. Diese Ideen folgerichtig zu Ende denkend, führte Clausius den Begriff des »Wärmetodes« des Universums ein; er sagte für die Zukunft des Universums »einen unveränderlichen Todeszustand« voraus, da die Entropie bis zu ihrem höchsten möglichen Wert stetig zunehmen werde, woraufhin keine Veränderungen mehr erfolgen könnten. Das Universum werde im Zustand maximaler Entropie verharren, in einem konturlosen, überall gleichen Strahlungsmeer. Geordnete Dinge wie Sterne, Planeten oder Leben werde es nicht mehr geben – nur noch Wärmestrahlung, die sich immer mehr abkühlen werde, bis ein endgültiges Gleichgewicht erreicht sei.

Andere begannen zu untersuchen, welche Konsequenzen sich aus dieser Idee für die unbekannte ferne Vergangenheit ergeben würden. Sie schien zu implizieren, daß das Universum einen Anfang gehabt haben müsse – einen Zustand maximaler Ordnung. 1873 erklärte William Jevons, ein einflußreicher britischer Wissenschaftsphilosoph:

Wir können die Wärmegeschichte des Universums nicht unendlich weit in die Vergangenheit zurückverfolgen. Für einen bestimmten negativen [d. h. vergangenen] Wert der Zeit ergeben die Formeln unmögliche Werte, die darauf hindeuten, daß die Wärme eine anfängliche Verteilung aufwies, die nach den bekannten Naturgesetzen nicht aus einer früheren Verteilung hervorgegangen sein konnte. Die Wärmelehre stellt uns nun vor das Dilemma, entweder an eine Schöpfung zu einem bestimmbaren Zeitpunkt in der Vergangenheit zu glauben oder anzunehmen, daß sich im Wirken der Naturgesetze danach ein unerklärlicher Wandel vollzogen hat.

Es ist interessant, daß dieses Argument für einen Anfang des Universums fünfzig Jahre vor der Konzeption des expandierenden Universums vorgetragen wurde. In den dreißiger Jahren unseres Jahrhunderts wurde es von dem britischen Astrophysiker Arthur Eddington im Zusammenhang mit den expandierenden Universen, die sich aus Einsteins Gravitationstheorie ergaben, und der Bestätigung der Expansion durch Hubbles Beobachtungen wieder aufgegriffen:

> Wenn wir in der Zeit zurückgehen, finden wir mehr und mehr Organisation in der Welt. Am Ende gelangen wir zu einer Zeit, in der die Materie und Energie der Welt die höchste mögliche Organisation besaßen. Weiter zurückzugehen ist unmöglich. Wir sind an ein anderes Ende der Raum-Zeit gelangt, ein abruptes Ende, das wir nur aufgrund unserer Orientierung »den Anfang« nennen. Mir fällt es nicht schwer, die Konsequenzen der gegenwärtigen wissenschaftlichen Theorie im Hinblick auf die Zukunft – den Wärmetod des Universums – zu akzeptieren. Es mögen noch Milliarden Jahre bis dahin sein, doch die Tage sind gezählt und verrinnen langsam, aber unausweichlich. Ein instinktives Zurückschrecken vor dieser Schlußfolgerung kenne ich nicht. Es ist sonderbar, daß man die Lehre vom absehbaren Ende des physikalischen Universums häufig als pessimistisch und dem Bestreben der Religion widersprechend auffaßt. Seit wann ist die Lehre, daß »Himmel und Erde vergehen werden«, der Kirche fremd geworden?

In den dreißiger Jahren wurde der »Wärmetod des Universums« durch die vielgelesenen Bücher Eddingtons und seines Landsmannes, des Astrophysikers James Jeans, eine zunehmend populäre Vorstellung. Zu Clausius' Wärmetod kam nun noch das Bild vom ständig expandierenden Universum hinzu, und so verschärfte sich der Eindruck, daß der Inhalt des Uni-

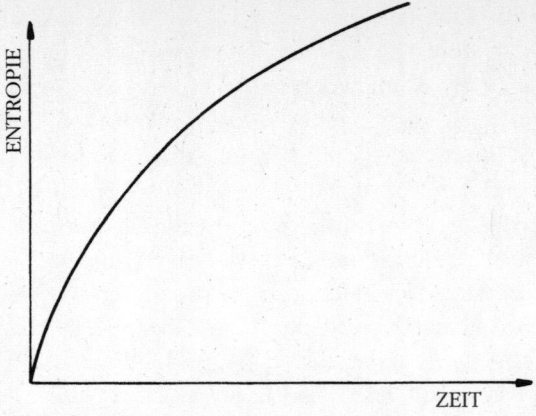

Abbildung 2.2: Eine Entropiezunahme, ausgehend von einem Zustand, in dem die Entropie in einer endlichen Zeit in der Vergangenheit Null betrug.

versums sich unablässig in strukturlose Wärmestrahlung auflöse. Der Pessimismus, den diese Vorstellung nährte, macht sich in vielen theologischen und philosophischen Schriften jener Zeit bemerkbar und taucht sogar in den Werken einer modernen Schriftstellerin wie Dorothy Sayers auf. Er verkündete das unausweichliche Ende des Lebens nicht nur auf der Erde, sondern überall und bestätigte, was der Mann mit dem Sandwichplakat bekanntgab: daß das Ende der Welt, wenn nicht nahe, so doch unterwegs sei.

Was Jevons und andere an Argumenten für einen Anfang des Universums vortrugen, stimmte übrigens nicht ganz, doch schien davon seinerzeit niemand Notiz zu nehmen. Der Zweite Hauptsatz der Thermodynamik fordert zwar, daß die Entropie des Universums abnehmen muß, wenn wir in der Zeit zurückgehen, aber das heißt nicht, daß sie in endlicher Zeit jemals den Wert Null erreicht, wie das in Abbildung 2.2 der Fall ist. Es könnte durchaus sein, daß, wie in Abbildung 2.3 dargestellt, die Entropie mit der Zeit exponentiell zu-

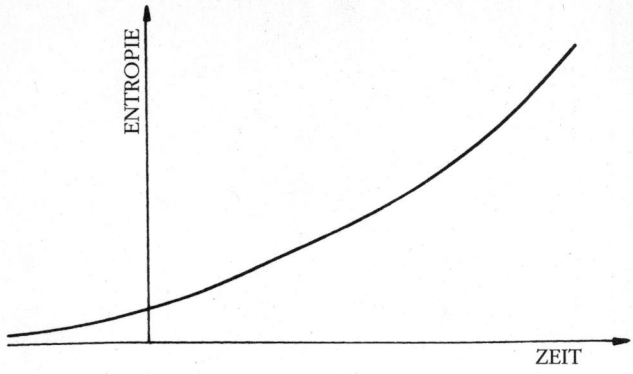

Abbildung 2.3: Ein anderes mögliches Universum, in dem die Entropie ständig zunimmt, sich in der Vergangenheit aber immer mehr Null nähert, ohne jemals Null zu erreichen.

nimmt und sich in der Vergangenheit immer mehr Null nähert, ohne je diesen Wert zu erreichen.

Es könnte andererseits auch sein, daß die Entropie des gesamten Universums mit der Zeit zunimmt, während sie in einer bestimmten Region abnimmt. Genau dies geschieht gegenwärtig vielerorts. Während die Biosphäre der Erde lokal geordneter wird, wird ihre Entropieabnahme mehr als wettgemacht durch die Zunahme der Gesamtentropie, die sich bei Einbeziehung des Wärmeaustausches zwischen Erde und Sonne ergibt. Wenn Sie aus Holzteilen einen Stuhl bauen, steigt das Maß der Ordnung – die Entropie nimmt ab. Gleichwohl wird der Zweite Hauptsatz der Thermodynamik nicht verletzt, weil die Gesamtentropie – dazu gehört auch die während der Arbeit erfolgende Verausgabung der Energie, die als Stärke oder Zucker in Ihrem Körper gespeichert ist – zunimmt. Die Komplexität der belebten Welt, die wir ringsum beobachten, zeigt in der Tat, was die Natur sich alles einfallen läßt, um eine lokale Entropieabnahme zu erzeugen, die an anderer Stelle durch die Zunahme der Entropie mehr als ausgeglichen wird.

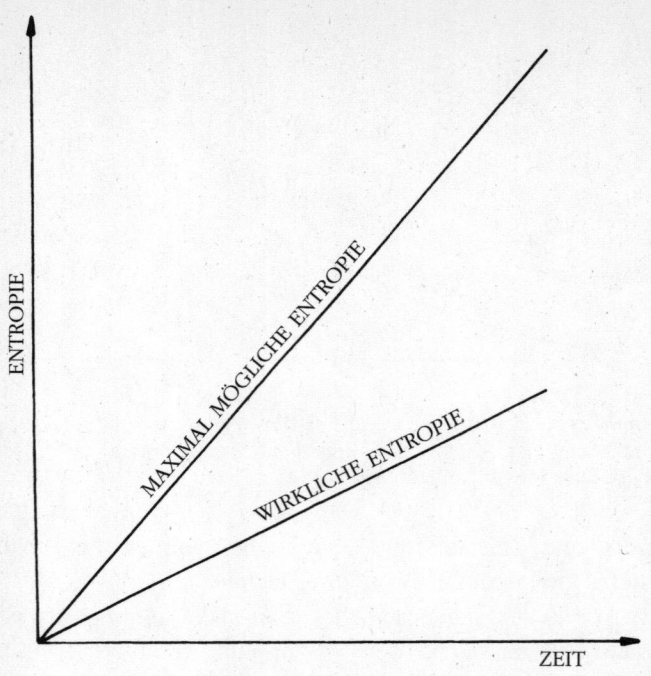

Abbildung 2.4: Der »Wärmetod« des Universums aus heutiger Sicht. Die wirkliche Entropie eines Universums, das ständig expandiert, nimmt stetig mit der Zeit zu; doch die maximal mögliche Entropie eines Universums, das dieselbe Menge Materie enthält, nimmt schneller zu. Das Universum wird sich daher mit der Zeit immer weiter von einem »Wärmetod« des vollkommenen Gleichgewichts bei seiner maximal möglichen Entropie entfernen.

Erst vor kurzem haben die Kosmologen erkannt, daß der vorhergesagte Wärmetod von ständig expandierenden Universen in einem künftigen Zustand maximaler Entropie nicht eintreten wird. Zwar wird die Entropie des Universums weiterhin zunehmen, doch die maximale Entropie, die es jeweils haben kann, nimmt noch schneller zu. Die Kluft zwischen der maximal möglichen Entropie und der wirklichen Entropie unseres Universums wird also ständig größer, wie in Abbildung 2.4 dargestellt ist. Tatsächlich entfernt sich das Universum immer mehr vom »toten« Zustand vollständigen thermischen Gleichgewichts.

Wenn wir die gegenwärtige Entropie des Universums berechnen, ergibt sich ein verblüffend geringer Wert; man kann sich also vorstellen, daß die Energieformen im Universum auf sehr viel ungeordnetere Weise verteilt sind. Das Universum ist immer noch in einem hochgradig geordneten Zustand, obwohl es seit fünfzehn Milliarden Jahren expandiert und dadurch die Entropie vermehrt. Das ist schwer zu verstehen. Der Anfangszustand des Universums muß demnach sehr hochgradig geordnet gewesen sein, also ein höchst spezieller Zustand, der möglicherweise von einem großen Prinzip der Symmetrie oder Ökonomie bestimmt war. Man kann aus diesen Überlegungen allerdings nicht auf jenes Prinzip schließen; dafür wissen wir nicht genug über die Struktur des Universums, über all die in ihm enthaltenen geordneten und ungeordneten Zustände. Unsere Berechnung seiner gegenwärtigen Entropie ist daher notwendigerweise unvollständig. Zum Beispiel haben die Physiker Jacob Bekenstein und Stephen Hawking 1975 gezeigt, daß Schwarze Löcher eine mit ihren tiefen Quantenaspekten verbundene Entropie besitzen. Der britische Mathematiker Roger Penrose hat die Vermutung geäußert, daß auch mit dem Gravitationsfeld des Universums eine entsprechende Entropie verknüpft sein könnte. Die thermodynamischen Aspekte der Gravitation vollständig zu durchschauen, bleibt den Kosmologen der Zukunft vorbehalten. Wir werden ganz am Ende unserer Geschichte auf dieses Problem zurückkommen.

Wenn Ihnen ein stetig expandierendes Universum, das einer leblosen Zukunft stetig zunehmender Entropie entgegengeht, nicht zusagt, können Sie sich aus Alexander Friedmanns Modellen des expandierenden Universums ein anderes aussuchen. Manche expandieren so langsam, daß die gravitative Anziehung der Materie sie in ferner Zukunft wieder auf den

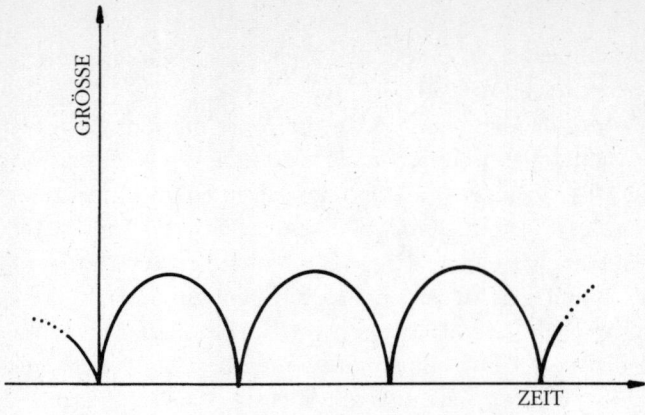

Abbildung 2.5: Ein mögliches, ewig oszillierendes Universum, in dem jeder Zyklus genauso groß ist wie sein Vorgänger.

Umfang Null zusammenschrumpfen läßt. Ihr Endzustand wird ein extremer Wärmetod sein, mit Temperaturen und Dichten, die in dem Maße, wie die Kontraktion zunimmt, über alle Grenzen wachsen. Dieses Modell der kosmischen Evolution gemahnt an die alte Vorstellung von einem zyklischen Universum, das eine endlose Folge von Wiedergeburten durchläuft und jedesmal wie ein Phönix aus der Asche seines letzten Untergangs aufsteigt (siehe Abbildung 2.5).

Dieser Vorstellung zufolge leben wir jetzt in einem Expansionszyklus eines unendlich alten, oszillierenden Universums mit einer unendlichen Zukunft. Jedesmal, wenn das Universum in einem »Großen Zusammenbruch« einstürzte, um anschließend wieder in einen Expansionszustand zurückzuspringen, würden alle Planeten, Sterne und Galaxien zerstört werden. Philosophisch mag dieses Modell für manche ansprechend sein – man braucht nicht mehr zu erklären, was am Anfang des Universums geschah, um den gegenwärtigen Expansionszustand zu erzeugen –, aber es ist auch Gegenstand der Kritik, und zwar wegen des Zweiten Hauptsatzes

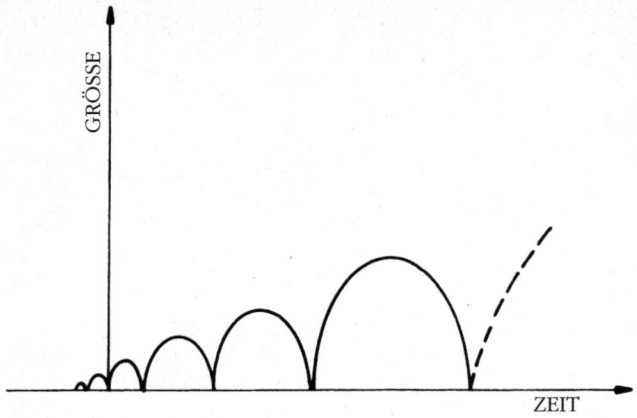

Abbildung 2.6: Die stetige Zunahme der Entropie mit der Zeit steigert im Einklang mit dem Zweiten Hauptsatz der Thermodynamik den Strahlungsdruck im Universum und läßt die Zyklen mit der Zeit an Umfang zunehmen.

der Thermodynamik. Der amerikanische Physiker Richard Tolman hat in den dreißiger Jahren darauf hingewiesen, daß die Größe des Universums bei jedem Maximum zunehmen würde, so daß jeder Zyklus länger dauern würde als der vorige. Die allmähliche Dissipation von Materie in Strahlung würde nämlich den der Gravitation entgegenwirkenden Druck erhöhen, und dadurch würde die Expansion in jedem nachfolgenden Zyklus länger dauern. Wenn wir also ein oszillierendes Universum zeitlich zurückverfolgen, kommen wir zu einem immer kleiner werdenden Universum. Damals (und noch lange danach) wurde daraus wiederum fälschlich gefolgert, daß das Universum in endlich weit zurückliegender Zeit mit einer Ausdehnung Null zu expandieren begonnen habe. Denkbar ist das, doch ebensogut kann es eine unendliche Zahl von Zyklen gegeben haben, die jeweils größer waren als ihr Vorgänger, ohne daß jemals die Ausdehnung Null erreicht würde (siehe Abbildung 2.6).

Andere haben dagegen eingewandt, daß, eine unendliche Zahl von Oszillationen in der Vergangenheit vorausgesetzt, die steigende Entropie inzwischen zum Wärmetod geführt hätte. Dies war nicht sonderlich überzeugend, denn niemand konnte sicher sagen, was bei jedem einzelnen Sprung in einen neuen Zyklus geschehen ist. Es ist auch vermutet worden, daß die Konstanten der Physik, die Entropie, ja sogar alle Naturgesetze bei jedem Sprung neu festgelegt worden sein könnten. Diesem Argument wird heute wenig Gewicht beigemessen, weil wir nicht genau wissen, was zur Entropie des Universums beiträgt. Sollte das Gravitationsfeld auf ungewöhnliche Weise Entropie enthalten, müßte eine stetige Zunahme der Entropie des Universums nicht unbedingt dazu führen, daß seine Größe von einem Zyklus zum nächsten ständig wächst.

Wenn Sie mit jemandem sprechen, der kein Astronom ist, sich aber flüchtig für das Fach interessiert, dann brauchen Sie nur die Urknalltheorie zu erwähnen, und er wird sich wahrscheinlich an etwas erinnern, das als »Steady-State-Theorie des Universums« (oder, anders, als Theorie vom stationären Universum) firmiert. Die Kosmologen haben das Interesse an der Steady-State-Theorie vor rund dreißig Jahren verloren, doch im allgemeinen Bewußtsein lebt sie weiter als Rivalin der Urknalltheorie. Sie ist das Geistesprodukt der Astrophysiker Thomas Gold, Herman Bondi und Fred Hoyle, die sie 1948 an der Universität Cambridge ersannen, nachdem sie den Film *The Dead of Night* gesehen hatten, der am Schluß zu den Umständen zurückkehrt, mit denen er begann. Sie fragten sich: Wenn nun das Universum genauso wäre? Sie wußten, daß das Universum expandiert, aber ihnen mißfiel die Vorstellung, daß es einen Anfang haben sollte, was die Expansion zu implizieren schien. Sie wollten, daß das Universum für Beobachter aller Zeiten – von einer unendlich fernen Vergangenheit bis in eine zukünftige Ewigkeit – das

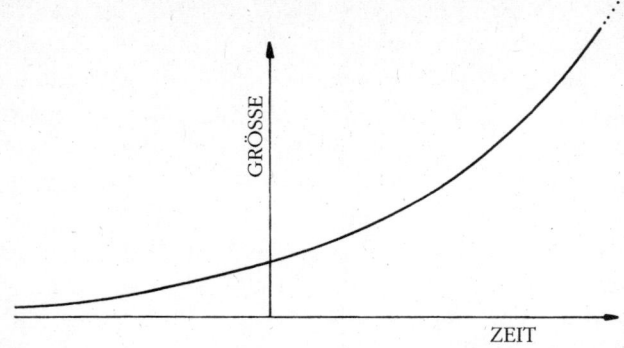

Abbildung 2.7: Die Expansion eines Steady-State-Universums. Es hat keinen Anfang und kein Ende.

gleiche allgemeine Erscheinungsbild abgebe. Deshalb konzipierten sie ein Modell, in dem das Universum im Durchschnitt immer gleich war und keinen Anfang hatte (siehe Abbildung 2.7).

Nach ihrer Auffassung war die Materie nicht in einem bestimmten Moment in der Vergangenheit geschaffen worden, sondern sie wird *ständig* geschaffen, und zwar genau in der richtigen Menge, um die durch die Expansion verursachte Verdünnung aufzuwiegen, so daß die Materie im Universum konstant bleibt. Dieser Sachverhalt habe seit Ewigkeit existiert und werde in alle Ewigkeit fortdauern. Nach dem Urknallmodell hat das expandierende Universum dagegen eine abnehmende Dichte, einen offensichtlichen Anfang und keine fortgesetzte Erschaffung neuer Materie. Der Umfang der Neuschöpfung, den die Steady-State-Theorie postuliert, ist übrigens erstaunlich gering (rund ein Atom pro Kubikmeter alle zehn Milliarden Jahre), und es gibt keine Möglichkeit, einen so langsamen Schöpfungsprozeß jemals direkt zu beobachten. Daß er so gering ist, liegt daran, daß das Universum überhaupt sehr wenig Materie enthält. Würden alle Sterne und Galaxien im heutigen Universum zu einem gleichförmigen Meer von Atomen aufgelöst, würde sich in jedem Kubikmeter Raum etwa ein Atom ergeben. Das ist ein besseres Vakuum, als man es in einem Labor auf der Erde je erzielen könnte. Der Weltraum ist tatsächlich überwiegend dieses – Raum.

Einer der Vorzüge des Steady-State-Modells ist seine Eindeutigkeit. Es macht sehr klare Vorhersagen darüber, wie das Universum beschaffen sein sollte, und kann daher durch Beobachtungen widerlegt werden. Und so kam es denn auch. Wenn das Universum in allen kosmischen Epochen gleich aussehen soll, darf es keine besonderen Perioden der kosmischen Geschichte geben, in denen spezielle Dinge geschehen, in denen sich zum Beispiel Galaxien zu bilden beginnen oder Quasare vorherrschen. Dank der Radioastronomie, die aus den Radarforschungen im Zweiten Weltkrieg hervorging, konnten die Astronomen Objekte beobachten, die ihre Energie nicht als sichtbares Licht, sondern vorwiegend in Form von Radiowellen abstrahlen. Sehr alte Galaxien, die starke Quellen von Radiowellen waren, wurden mit Radioteleskopen daraufhin beobachtet, ob sie, wie die Urknalltheorie postulierte, in einer bestimmten Epoche im Universum auftauchten oder ob sie immer in gleicher Häufigkeit vorhanden waren, wie es sich aus der Steady-State-Theorie ergab. Ende der fünfziger Jahre mehrten sich die Anzeichen dafür, daß das Universum früher ganz anders war, als es heute ist. Die Galaxien, die starke Quellen von Radiowellen waren, waren nicht in allen Epochen der kosmischen Geschichte in gleicher Häufigkeit vertreten.

Wenn wir das Licht von fernen astronomischen Objekten beobachten, sehen wir sie so, wie sie waren, als sie das Licht aussandten; durch die Beobachtung von an sich ähnlichen Objekten in unterschiedlichen Entfernungen können wir daher feststellen, wie das Universum zu unterschiedlichen Zeiten beschaffen war. Natürlich war es immer noch möglich, über das, was diese Beobachtungen uns sagten, zu streiten, und so entspann sich eine heftige Debatte, als die Radioastronomen den Steady-State-Anhängern klarzumachen versuchten, daß Radiogalaxien in der fernen Vergangenheit sehr viel zahlreicher waren als heute. Damals drang der Gegensatz zwischen Urknall- und Steady-State-Theorie ins allgemeine Bewußtsein. Der Boden war durch eine sehr einflußreiche BBC-Reihe mit Rundfunkvorträgen bereitet worden, die Fred Hoyle 1950 über »Die Natur des Universums« gehalten hatte. Darin prägte er den Begriff »Urknall« als abschätzige Bezeichnung für eine Kosmologie, derzufolge sich das Universum in endlicher Zeit in der Vergangenheit aus einem dichten Zustand ins Dasein ausgedehnt hatte.

Diese verzwickte Auseinandersetzung wurde 1965 definitiv beigelegt, als Penzias und Wilson die Mikrowellen-Hintergrundstrahlung entdeckten. In einem Steady-State-Universum gäbe es eine solche Wärmestrahlung nicht, weil ein solches Universum keine heiße Vergangenheit von enormer Dichte erlebt hätte – es wäre im ganzen stets kühl und ruhig gewesen. Außerdem paßten anschließende Beobachtungen der relativen Häufigkeit der leichtesten Elemente im Universum zu den Vorhersagen des Urknallmodells und bestätigten die Vorstellung, daß sie während der ersten drei Minuten der Expansion durch Kernreaktionen entstanden waren. Das Steady-State-Modell bietet keine natürliche Erklärung für diese Häufigkeiten, weil es keine Frühzeit von enormer Dichte und Temperatur kennt, in der im ganzen Universum Kernreaktionen ablaufen können.

Diese beiden Erfolge bedeuteten das Aus für das Steady-State-Modell, das fortan als tragfähiges Modell des Universums keine Rolle mehr spielte, obwohl einige seiner Verfechter es in der einen oder anderen Weise zu modifizieren versuchten. Das Urknallmodell hat sich als das einzige durchgesetzt, das unsere Beobachtungen des Universums miteinander in Einklang zu bringen vermag. Man muß jedoch wissen, daß der Begriff »Urknallmodell« inzwischen nicht mehr bedeutet als das Bild eines expandierenden Universums, dessen Vergangenheit heißer und dichter war als die Gegenwart. Es gibt eine ganze Reihe verschiedener Kosmologien dieses allgemeinen Typs. Aufgabe der Kosmologen ist es, die Expansionsgeschichten des Universums zu klären – zu bestimmen, wie die Galaxien sich gebildet haben, warum sie Haufen bilden, warum die Expansion die beobachtete Geschwindigkeit hat – sowie die Gestalt des Universums und das in ihm bestehende Gleichgewicht von Materie und Strahlung zu erklären.

Die Singularität und andere Probleme

»Singularität ist fast immer ein Anhaltspunkt.
Je nichtssagender und alltäglicher ein Verbrechen ist,
desto schwerer ist es aufzuklären.«

The Boscombe Valley Mystery

Die Vorstellung von einem expandierenden Universum impliziert ein kataklysmisches Ereignis in der Vergangenheit. Wenn wir die Expansion umkehren und in der Zeit zurückverfolgen, stoßen wir offenbar auf einen »Anfang«, in dem alles mit allem zusammenstößt: Die gesamte Masse des Universums ist zu einem Zustand von unendlicher Dichte komprimiert. Diesen Zustand bezeichnet man als die »anfängliche Singularität«. Die Tatsache, daß sie in unserer Vergangenheit herumgeistert, hat Anlaß dazu gegeben, aus den Ideen der modernen Kosmologie alle möglichen metaphysischen und theologischen Extrapolationen abzuleiten.

Geht man nach der Geschwindigkeit, mit der, wie beobachtet wurde, das Universum heute expandiert, und nach der Verlangsamung dieser Expansion, so liegt die anfängliche Singularität nur rund fünfzehn Milliarden Jahre zurück. Ich sage

»nur«, weil dieser Zeitraum nach menschlichen Maßstäben zwar ungeheuer groß ist, aber doch nicht so viel größer als Zeiträume, die mit uns vertrauten Dingen zu tun haben: Vor zweihundertdreißig Millionen Jahren trabten Dinosaurier in Argentinien herum; die ältesten fossilen Bakterien, die man auf der Erde gefunden hat, sind rund drei Milliarden Jahre alt; die ältesten Oberflächengesteine in der Eisdecke Grönlands sind 3,9 Milliarden Jahre alt, und die ältesten Fragmente, die aus den Anfängen unseres Sonnensystems übriggeblieben sind, sind etwa 4,6 Milliarden Jahre alt. Die Zeitspanne, die uns von der Entstehung der Erde trennt, beträgt knapp ein Drittel derjenigen, die uns von den Geheimnissen der Singularität trennt.

Anfang der dreißiger Jahre mochten viele Kosmologen nicht glauben, daß die Expansion wirklich auf einen singulären Anfang von unendlicher Dichte hindeutete. Zwei Einwände wurden erhoben. Wenn wir versuchen, einen Ballon immer kleiner zusammenzupressen, leistet der Druck der Luftmoleküle in dem Ballon unseren Bemühungen Widerstand, und schließlich müssen wir uns geschlagen geben. Wenn das Volumen, in dem sich die Moleküle frei bewegen können, schrumpft, prallen sie stärker gegen seine Grenzen. So auch beim Universum; man würde erwarten, daß der Druck, den die Materie und Strahlung im Universum ausüben, verhindert, daß es auf ein Volumen Null zusammengepreßt wird. Es könnte zurückprallen wie eine Ansammlung kollidierender Billardkugeln. Andere behaupteten, die Vorstellung von einem anfänglichen singulären Punkt von unendlicher Dichte rühre lediglich daher, daß wir ein Bild gewählt hätten, demzufolge das Universum nach allen Richtungen mit gleicher Geschwindigkeit expandiert. Folglich treffe, wenn die Expansion zurückverfolgt wird, alles gleichzeitig in einem Punkt zusammen. Falls die Expansion jedoch geringfügig asymmetrisch wäre (und das ist sie in der Tat), gerate, wenn wir sie zurückverfolgen, die implodierende Materie aus dem Tritt, und daher müsse sie nicht unbedingt eine Singularität produzieren.

Diese Einwände vermochten aber, bei Licht besehen, die erwartete Singularität nicht zu beseitigen. Die Einbeziehung des Drucks trug sogar zu ihrer Schaffung bei, gemäß der berühmten Entdeckung Einsteins, daß Energie und Masse äquivalent sind $(E = mc^2)$. Druck ist nur eine andere Form von Energie und daher der Masse äquivalent; wenn er sehr groß wird, erzeugt er eine Gravitationskraft, die dem abstoßenden Effekt, den wir gewöhnlich mit einem Druck assoziieren, entgegenwirkt. Der Versuch, die Singularität durch Steigerung des Gegendrucks zu vermeiden, bewirkte genau das Gegenteil – das Problem der Singularität wurde noch unlösbarer! Außerdem blieb die Singularität, wenn man mit Hilfe von Einsteins Gravitationstheorie versuchte, andere mögliche Typen von Universen zu finden, zum Beispiel solche, die in verschiedene Richtungen mit unterschiedlichen Geschwindigkeiten expandieren, oder solche, die lokale Variationen aufweisen. Die Singularität war nicht bloß ein Kunstprodukt von symmetrischen Modellen des Universums. Sie schien allgegenwärtig zu sein.

Der letzte Einwand, der gegen die Vorstellung von der anfänglichen Singularität erhoben wurde, war subtiler und wurde erst 1965 voll verstanden. Er läßt sich am besten durch einen vertrauten Sachverhalt verdeutlichen. Ein geographischer Globus der Erde ist von einem Netz von Breiten- und Längengraden überzogen, mit deren Hilfe die Lage jedes Punktes auf der Erdoberfläche genau bestimmt werden kann. Wenn wir uns auf einen der Pole zubewegen, beginnen die Längengrade zu konvergieren, und die Meridiane überschneiden sich schließlich an den Polen (siehe Abbildung 3.1). An den Polen haben die Karten-Koordinaten also »Singularitäten« entwickelt, obwohl auf der Erdoberfläche keine

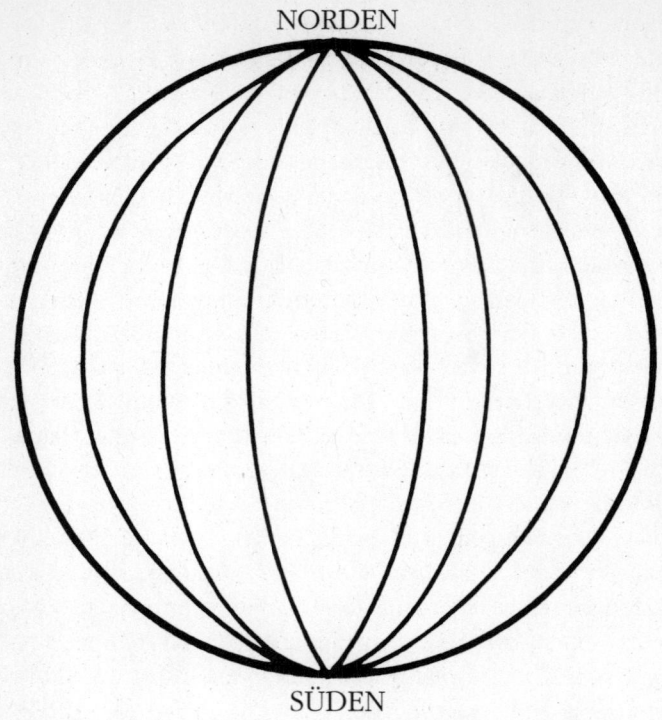

NORDEN

SÜDEN

Abbildung 3.1: Meridiane zur kartographischen Erfassung der Erdoberfläche überschneiden sich an den Polen.

reale Besonderheit entstanden ist. Wir haben durch eine bestimmte Wahl von Karten-Koordinaten eine künstliche Singularität geschaffen. Wir können jederzeit ein anderes Koordinatengitter wählen, bei dem an den Polen nichts passiert. Woher wissen wir, daß die scheinbare Singularität am Anfang eines expandierenden Universums nicht bloß ein Kunstprodukt einer unzulänglichen Kartierung dessen ist, was in der fernen Vergangenheit geschehen ist?

Um diesen Einwänden zu begegnen, mußten die Kosmologen bei der Definition einer Singularität Sorgfalt walten lassen. Wenn wir uns die gesamte Geschichte des Universums – des gesamten Raums und der gesamten Zeit – als ein riesiges, vor uns ausgebreitetes Tuch vorstellen, dann könnten sich an bestimmten Stellen, wo Dichte und Temperatur unendlich groß werden, Singularitäten finden. Nehmen wir einmal an, wir würden um diese pathologischen Punkte herum das Tuch aufschneiden und sie herausnehmen; wir hätten dann ein durchlöchertes Tuch, das keine Singularitäten enthält. Dies wäre ein anderes mögliches Universum. Wir empfinden diesen Schachzug jedoch als Mogelei. Ein solches Universum ist bestimmt in irgendeinem Sinne »fast« singulär. Und sollten wir jemals auf ein nichtsinguläres Universum stoßen, woher wüßten wir dann, daß wir nicht auf der Suche nach ihm die Singularität auf diese künstliche Weise »herausgeschnitten« hätten?

Um diesem Dilemma zu entgehen, muß man die bisherige Vorstellung aufgeben, daß die Singularität ein Ort von unendlicher Dichte und Temperatur ist. Statt dessen sagen wir, daß eine Singularität dann vorliegt, wenn der Weg eines Lichtstrahls durch Raum und Zeit an eine Grenze stößt und nicht mehr weiterverfolgt werden kann. Was könnte »singulärer«, merkwürdiger sein als ein solches Alice-im-Wunderland-Erlebnis? Am Ende seines Weges hat der Lichtstrahl die Grenze von Raum und Zeit erreicht. Er »verschwindet« aus dem Universum. Das Elegante an dieser Definition der Singularität ist, daß der Lichtstrahl, sollte die Dichte tatsächlich irgendwo unendlich werden, zum Stehen gebracht wird, weil Raum und Zeit zerstört sind. Sollte ein solcher Punkt aus dem Universum herausgeschnitten worden sein, kommt der Lichtstrahl gleichfalls zum Stehen, wenn er den Rand des zurückbleibenden Lochs erreicht (siehe Abbildung 3.2).

Dieses Bild einer Singularität als Grenze eines Universums ist sehr zweckmäßig. Es vermeidet die Probleme, die hinsichtlich der Gestalt und des Drucks des Universums ent-

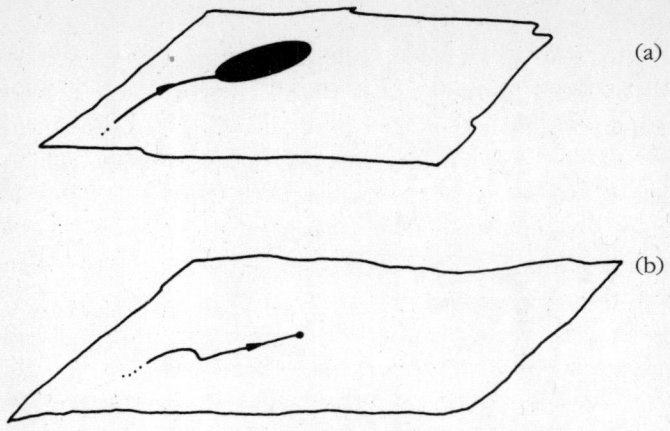

(a)

(b)

Abbildung 3.2: Zwei Tüchter, die Universen von Raum und Zeit darstellen, in denen die Wege von Lichtstrahlen an eine Grenze kommen. In (a) ist ein Loch aus dem Universum herausgeschnitten worden, und der Lichtstrahl stößt auf dessen Rand. In (b) stößt der Lichtstrahl auf eine Singularität, wo Raum und Zeit zerstört sind.

standen, und die Mehrdeutigkeiten seiner Abbildung durch Koordinaten. Eine solche Singularität kann zwar, muß aber nicht einhergehen mit Extremwerten von Dichte und Temperatur, wie es in unserem intuitiven Bild eines expandierenden Urknall-Universums der Fall war.

Unsere vernünftigen Vorstellungen über den Anfang des Universums erfahren noch andere Änderungen. Der Anfang muß nicht überall gleichzeitig erfolgen. Es wird möglich, daß unterschiedliche Wege durch die Zeit in unterschiedlichen Momenten beginnen, wenn man sie bis zu ihren singulären Anfängen zurückverfolgt. Vielleicht ist die Tatsache, daß einige Regionen des Universums heute weniger dicht sind als andere, darauf zurückzuführen, daß sie ein wenig früher aus der Singularität hervorgegangen sind und daher mehr Zeit hatten, zu expandieren und sich zu verdünnen, als die dichteren Regionen anderwärts.

Mitte der sechziger Jahre, nach der Entdeckung der Mikro-wellen-Hintergrundstrahlung durch Penzias und Wilson, be-gann man, das Urknallmodell ernst zu nehmen, und die Kos-mologen konzentrierten sich auf die Frage, ob das Universum einen singulären Anfang hatte. Nachdem man abgeklärt hatte, was unter diesem Anfang zu verstehen sei – nämlich Wege, die in Raum und Zeit nicht mehr rückwärts verlängert wer-den können –, bestand die Aufgabe darin festzustellen, ob unser Universum eine Singularität dieser Art besitzt: einen An-fang der Zeit in der Vergangenheit. Roger Penrose zeigte, daß man derartige Fragen mit Hilfe neuer geometrischer Argu-mente beantworten kann, von denen die Astronomen bisher keinen Gebrauch gemacht hatten. Dank seiner Vorbildung auf dem Gebiet der reinen Mathematik und seiner bemer-kenswerten geometrischen Intuition konnte Penrose an das Problem, wie Lichtstrahlen sich bewegen und ob sie aus einer unendlich fernen Vergangenheit stammen oder nicht, mit wirksamen neuen Methoden herangehen. Später schlossen sich Hawking und andere, darunter die Physiker Robert Ge-roch und George Ellis, seinen Bemühungen an.

Wie Penrose zeigte, verhindert unter der Voraussetzung, daß die von der Materie im Universum ausgeübten Gravitati-onskräfte immer und überall Anziehungskräfte waren und das Universum genügend Materie enthält, der Gravitationsef-fekt dieser Materie, daß man alle Lichtstrahlen endlos in der Zeit zurückverfolgen kann.

Manche (vielleicht alle) sind an eine Grenze gelangt – eine Singularität –, die wir mit unserem intuitiven Bild des Urknalls gleichsetzen (siehe Abbildung 3.3). Das Schöne an diesen mathematischen Ableitungen ist, daß sie all die Unsicherhei-ten der Abbildung von Koordinaten und speziellen Symme-trien vermeiden. Sie setzen nicht voraus, daß wir eine Fülle von Details über die Struktur des Universums, ja nicht einmal, daß wir das Gravitationsgesetz kennen. Es handelt sich bei

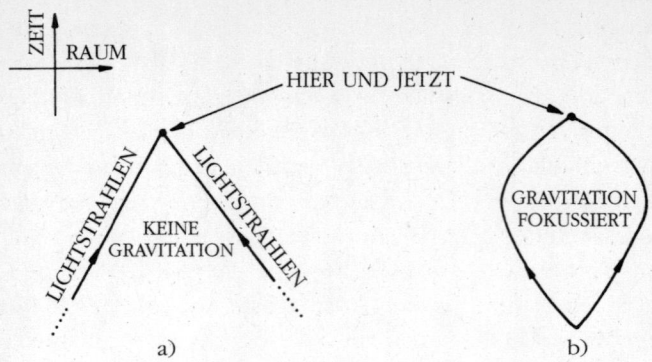

Abbildung 3.3: a) Die Wege durch Raum und Zeit, die Lichtstrahlen zurücklegen, welche sich mit der (konstanten) Lichtgeschwindigkeit ausbreiten, wenn keine Gravitation vorhanden ist. b) Gravitation krümmt die Bahn von Lichtstrahlen, so daß sie von ihrem geradlinigen Weg abweichen. Wenn das Universum genügend Materie enthält, werden Lichtstrahlen in der Vergangenheit in einer Singularität konvergieren.

ihnen – und das muß beachtet werden – um *Theoreme*, nicht um Theorien. Sie gehen von bestimmten Annahmen über die Natur des Universums aus, die, wenn sie zutreffen, lediglich durch logisches Folgern eine vergangene Singularität garantieren. Sollte sich zeigen, daß diese Annahmen in unserem Universum nicht zutreffen, kann daraus nicht gefolgert werden, daß es keine Singularität gegeben hat – über den Anfang kann daraus gar nichts abgeleitet werden. Die Theoreme gelten in diesem Fall einfach nicht mehr für unser Universum.

Das Aufregende an den beiden Annahmen – daß die Schwerkraft immer und überall Anziehungskraft ist und daß das Universum genügend Materie enthält – ist, daß sie, obwohl in mathematischer Sprache formuliert, durch Beobachtungen überprüft werden können. Die Forderung bezüglich der Materie wurde durch die gerade entdeckte Mikrowellen-Hintergrundstrahlung schon erfüllt. Damit blieb nur noch die Forderung übrig, daß die Gravitation immer und überall anziehend wirken müsse. In den sechziger Jahren sah man darin eine durchaus vernünftige Annahme. Weder sprachen Beobachtungen dagegen, noch gab es wohlbegründete Theorien über das Verhalten von Materie bei hohen Dichten, denen zufolge bestimmte Formen von Materie sich repulsiv (abstoßend) verhalten könnten. Unter normalen Umständen folgt die gravitative Anziehung aus der Tatsache, daß Materie eine positive Masse und damit auch eine positive Dichte hat. Wenn man es jedoch mit Materie zu tun hat, die zu sehr hohen Dichten komprimiert ist oder sich mit Geschwindigkeiten bewegt, die der Lichtgeschwindigkeit c nahe kommen, muß wieder Einsteins Formel $E = mc^2$ bedacht werden. Jede Form von Energie, E, hat eine äquivalente Masse, m, ist also der Schwerkraft anderer Materie ausgesetzt. Druck ist, wie erwähnt, eine Form von Energie (er entsteht zum Beispiel durch die Bewegungsenergie der Moleküle eines Gases) und ist daher ebenfalls der Gravitation unterworfen. Da die den Druck erzeugenden Teilchen sich in drei räumlichen Dimensionen bewegen können, ist die Forderung, daß die Gravitation anziehend sein soll, gleichbedeutend mit der Forderung, daß eine Größe D, zusammengesetzt aus der Dichte d und dem Dreifachen des Druckes p, geteilt durch c^2, positiv ist:

$$D = d + 3p/c^2 > 0.$$

Dies gilt für alle bekannten Formen von Materie im Universum – Strahlung, Atome, Moleküle, Sterne, Steine usw. Deshalb erschienen Ende der sechziger und während der siebziger Jahre viele Artikel darüber, daß gezeigt worden sei, daß das Universum einen Anfang in der Zeit besitzt. Die mathematischen Kosmologen bemühten sich zu verstehen, was in der Nähe dieser Singularität geschehen sein mochte, und versuchten herauszubekommen, was die kompliziertesten Singularitäten mit Materie in ihrer Nachbarschaft gemacht haben könnten.

Diese Herleitung eines Anfangs der Zeit hat den interessanten Nebenaspekt, daß damit die antike Vorstellung von einem zyklischen Universum unterhöhlt wurde, das periodisch in einem großen Zusammenbruch kontrahiert und danach in eine neue Expansionsphase eintritt. Wenn wir unsere Geschichte bis zu einer Singularität zurückverfolgen, dann hat es kein »Vorher« gegeben. Die Geschichte des Universums kann nicht bis zu einem früheren kontrahierenden Zustand zurückverlängert werden – diese Vorstellung muß Science-fiction bleiben.

Wenn das Universum tatsächlich mit einer Singularität begann, aus der Materie mit unendlicher Dichte und Temperatur hervorging, dann stehen wir in unserem Bemühen, die Kosmologie weiter voranzutreiben, vor etlichen Problemen. Von »was« hängt die Art des entstehenden Universums ab? Wenn Raum und Zeit vor diesem singulären Anfang nicht existieren, wie erklären wir dann die Gesetze der Gravitation, der Logik oder der Mathematik? Existierten sie »vor« dieser Singularität? Wenn ja – und das setzen wir offenbar voraus, wenn wir Mathematik und Logik auf die Singularität selbst anwenden –, dann müssen wir eine Rationalität anerkennen, die umfassender ist als das materielle Universum. Außerdem scheinen wir, um den gegenwärtigen Zustand des Universums verstehen zu können, das Unmögliche leisten zu müssen, nämlich, die Singularität verstehen. Die Singularität war jedoch ein beispielloses Ereignis – wie kann sie der wissenschaftlichen Methode zugänglich sein?

Zunächst prüften die Kosmologen die beiden möglichen Strategien, die wir oben beschrieben haben: entweder Prinzipien zu finden, die vorschreiben, wie eine Singularität beschaffen sein mußte, oder zu zeigen, daß es keine Rolle spielte – daß das Universum am Ende genauso aussehen würde wie heute, unabhängig davon, wie es angefangen hat.

Wir haben einige der Dinge herausgegriffen, die Kosmologen über das Universum herausgefunden haben, und einige der Fragen, auf die sie gern eine Antwort wüßten. Wenn wir etwas erklären wollen, was den gegenwärtigen Zustand des Universums betrifft – warum etwa Galaxien die von uns beobachtete Form und Größe haben –, müssen wir in der Zeit zurückgehen und die Geschichte des Universums rekonstruieren, gestützt auf unsere Kenntnisse über das Verhalten von Materie unter Bedingungen sehr hohen Drucks und sehr hoher Temperaturen. Wir würden unsere theoretischen Ableitungen gern anhand von Beweisstücken überprüfen, die vergangene Ereignisse im Universum zurückgelassen haben, und das ist leider gar nicht so einfach. Das Universum verwischt seine Spuren sehr sorgfältig, und unverfälschte Zeugnisse der fernen Vergangenheit sind kaum anzutreffen. Eine grundsätzlichere Schwierigkeit besteht aber darin, daß wir keine erschöpfenden Kenntnisse darüber haben, wie Materie sich bei extremen Temperaturen und Dichten verhält. Experimente auf der Erde, begrenzt durch wirtschaftliche Realitäten sowie durch beengte Raum- und Energieverhältnisse, sind außerstande, vollständig die Bedingungen zu simulieren, die während der ersten Hundertstelsekunden seiner Expansionsgeschichte im Universum geherrscht haben müssen.

So entsteht eine spannende Situation. Der Kosmologe richtet seinen Blick auf den Elementarteilchenphysiker, von dem er eine Beschreibung des Verhaltens von Materie und Strahlung bei sehr hohen Temperaturen erwartet, um die Geschichte des Universums in immer größerer Annäherung an ihren scheinbaren Beginn rekonstruieren zu können. Das ist dem Teilchenphysiker aber mit den auf der Erde verfügbaren Mitteln nicht möglich. Terrestrische Teilchenbeschleuniger können nicht die Energien des Urknalls reproduzieren, und ihre Detektoren können nicht die überaus ätherischen Elementarteilchen der Materie einfangen. So richten die Teilchenphysiker ihren Blick auf die ersten Momente des Universums, um an ihnen ihre Theorien zu überprüfen. Sollte ihre neueste Theorie vorhersagen, daß Sterne oder Galaxien nicht existieren können, so kann sie ausgeschlossen werden. Dabei kommt es zu einem heiklen Balanceakt, denn man benutzt teilweise überprüfte (oder sogar ungeprüfte) physikalische Theorien, um mögliche Verläufe der ersten Sekunde der Geschichte des Universums zu entwerfen.

Es ist ratsam, die erste Sekunde nach dem Urknall als kosmische Wasserscheide zu betrachten. Nach dieser Zeit, so nimmt man an, war die Temperatur im Universum so weit gesunken, daß die terrestrische Physik anwendbar ist und experimentell getestet werden kann. Die Tatsache, daß wir die physikalischen Prozesse und die Elementarteilchen, die den Ablauf in der ersten Sekunde des Universums bestimmten, nicht vollständig nachzubilden vermögen, bringt jedoch Unsicherheiten in unsere Rekonstruktion seiner Geschichte. Eine Sekunde ist zugleich der Zeitpunkt, zu dem die Bedingungen im frühen Universum die Häufigkeit des Elements Helium festlegten. Seine Häufigkeit erlaubt uns einen direkten Einblick in das Expansionsverhalten des Universums zu diesem Zeitpunkt.

Das heißt nicht, daß wir alle Ereignisse verstehen, die sich vollzogen haben, als das Universum eine Sekunde alt war. Wir verstehen die allgemeinen physikalischen Prinzipien und Gesetze, die das Verhalten der Inhalte des Universums von diesem Zeitpunkt an bestimmen, aber es gibt Ereignisabläufe – besonders im Zusammenhang mit der Bildung von Galaxien –, die von so ungeheurer Komplexität sind, daß wir sie noch nicht im einzelnen rekonstruieren konnten. Es ist ungefähr so wie bei den Wettersystemen. Wir kennen alle physikalischen Prinzipien, die das Wettergeschehen bestimmen, und wir können den Ablauf früherer Klimaänderungen erklären. Deshalb können wir aber noch lange nicht das Wetter *vorhersagen*, noch nicht einmal das Wetter von morgen, weil der aktuelle Zustand des Wetters von zahllosen Faktoren in einem komplizierten und empfindlichen Wechselspiel bestimmt wird. Weil wir diesen Zustand nicht restlos kennen können, ist unsere Vorhersagefähigkeit begrenzt.

Ende der siebziger Jahre zeigte sich bei der Erforschung der meisten Elementarteilchen ein Zusammenhang mit Astronomie und Kosmologie. Aus der postulierten Existenz einer neuen Art von subatomaren Teilchen ergaben sich vielfach astronomische Konsequenzen, auch wenn seine Effekte zu schwach waren, um in Teilchenbeschleuniger-Experimenten sichtbar zu werden. Das bedeutete umgekehrt, daß man aufgrund astronomischer Erkenntnisse die Existenz etlicher neuer Arten von Elementarteilchen ausschließen konnte.

Die Symbiose zwischen Kosmologie und Elementarteilchenphysik zeigte sich an dem Wechselspiel zwischen den Resultaten von hochpräzisen Experimenten am europäischen Kernforschungszentrum CERN in Genf und kosmologischen Theorien über Kernreaktionen während der ersten Minuten des Universums. Beide Ansätze sagen uns etwas über die Anzahl der Spielarten eines Elementarteilchens namens Neutrino. Neutrinos sind geisterhafte Teilchen, die mit allen anderen Formen von Materie so schwach wechselwirken, daß man sie nur sehr schwer nachweisen kann. Genau in diesem Moment wird ihr Körper von zahlreichen Neutrinos durchdrungen. Zwei Varianten des Neutrinos, das Elektron-Neutrino und das Myon-Neutrino, sind den Physikern seit langem bekannt und in zahllosen Beschleuniger-Experimenten direkt nachgewiesen worden. Eine dritte Variante, das Tau-Neutrino, verrät seine Existenz nur indirekt durch die Zerfälle anderer Teilchen; sein direkter Nachweis war bisher nicht möglich, weil seine Erzeugung viel zuviel Energie erfordert. Können wir also sicher sein, daß das Tau-Neutrino wirklich existiert, und gibt es vielleicht andere Neutrinoarten, die wir noch nicht beobachtet haben?

Schauen wir uns zunächst einmal an, wie wir aufgrund unserer Rekonstruktion der Geschichte des Universums astronomische Beobachtungen verwenden können, um die Zahl der Neutrino-Varianten zu bestimmen. Das Ergebnis können wir dann mit den neuesten CERN-Experimenten vergleichen, in denen diese Zahl direkt gemessen wird.

Seit den siebziger Jahren sind Kosmologen davon ausgegangen, daß es drei, und nur drei, Neutrino-Varianten gibt, und diese Annahme ist in die Beschreibung des von ihnen bevorzugten Modells für die Bestandteile des frühen Universums eingegangen. Wie viele Neutrino-Varianten in der Natur existieren, ist deshalb wichtig zu wissen, weil davon die Gesamtdichte von Strahlung und Materie im sehr frühen Universum abhängt, von der es wiederum abhängt, wie schnell das Universum expandiert. Alle diese Informationen benötigen die Kosmologen, um zu erforschen, was genau im Universum vor sich ging, als es zwischen einer und tausend Sekunden alt war. Während dieser Zeitnische innerhalb der kosmischen Geschichte war das Universum heiß genug, daß Kernreaktionen durch Verschmelzung von Neutronen und Protonen in unterschiedlicher Kombination die leichtesten Elemente erzeugen konnten. Zu früheren Zeitpunkten war die Temperatur so hoch, daß jedes Element, das schwerer war als der aus einem einzigen Proton bestehende Wasserstoff, gleich nach seiner Bildung wieder zerfallen wäre (wenn das Universum weniger als eine Mikrosekunde alt ist, verschwinden auch die Wasserstoffkerne). In den ersten zehn Sekunden verläuft der Aufbau leichter Elemente schleppend, weil viele wieder zerfallen, aber nach hundert Sekunden erreicht er in einem regelrechten Ausbruch von nuklearer Aktivität seinen Höhepunkt, um dann durch das Absinken von Dichte und Temperatur rasch zum Erliegen zu kommen. Nach tausend Sekunden ist alles vorbei.

Um das Ergebnis dieser Kernreaktionen vorhersagen zu

können, muß man das Mengenverhältnis der vorhandenen Protonen und Neutronen kennen. Davon hängt letztlich die Häufigkeit der Kerne ab, die aus ihnen aufgebaut werden: Deuterium, ein Isotop des Wasserstoffs mit einem Proton und einem Neutron; Helium, von dem es zwei Isotope gibt, eines mit zwei Protonen und einem Neutron (Helium-3) und eines mit zwei Protonen und zwei Neutronen (Helium-4); Lithium, das aus drei Protonen und vier Neutronen besteht.

Ist das Universum jünger als eine Sekunde, sollten Protonen und Neutronen in gleicher Menge vorhanden sein, wegen der sogenannten schwachen Wechselwirkung zwischen ihnen, die das eine in das andere verwandeln und so für ein ausgeglichenes Verhältnis sorgen. Doch wenn das Universum eine Sekunde alt ist, wird die Expansionsgeschwindigkeit zu groß, als daß die schwachen Wechselwirkungen noch ein vollkommenes Proton-Neutron-Gleichgewicht aufrechterhalten könnten. Es wird ein bißchen schwieriger, ein Proton in ein Neutron zu verwandeln, als umgekehrt, weil das Neutron ein wenig schwerer ist als das Proton und zu seiner Erzeugung daher mehr Energie erforderlich ist. Nachdem die schwachen Wechselwirkungen aufgehört haben, steht ein bestimmtes Mengenverhältnis zwischen Protonen und Neutronen fest: es beträgt sieben zu eins. Rund hundert Sekunden später setzen Kernreaktionen ein, die diese Neutronen und Protonen zu Kernen von Deuterium, Helium und Lithium verbinden. Rund 23 Prozent der gesamten Materie werden zu Helium-4. Der Rest besteht fast vollständig aus Wasserstoff, und nur einige Teile in hunderttausend verbleiben für die Isotope Helium-3 und Deuterium und einige Teile in zehn Milliarden als Lithium (siehe Abbildung 3.4).

Astronomische Beobachtungen im ganzen Universum bestätigen, daß die allgemeine Häufigkeit von Helium, Deuterium und Lithium sich in diesen Größenordnungen bewegt. Zwischen dem schlichtesten Urknallmodell und den astrono-

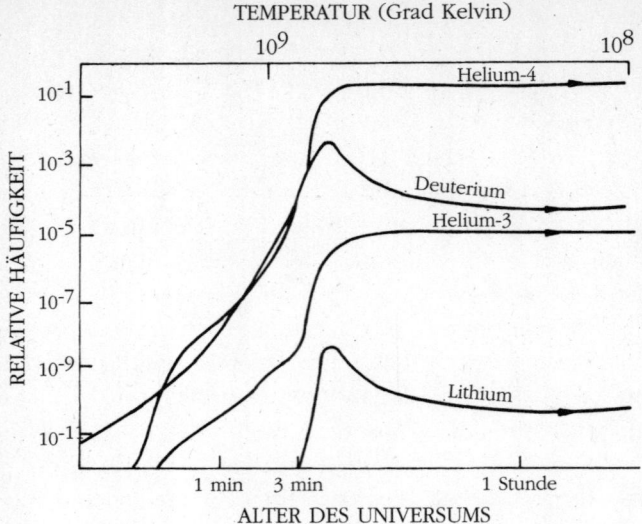

TEMPERATUR (Grad Kelvin)

Abbildung 3.4: Erzeugung der leichtesten Elemente aus Protonen und Neutronen in den ersten drei Minuten der Geschichte des Universums. Die Kernreaktionen laufen schnell ab, wenn die Temperatur unter eine Milliarde Grad Kelvin sinkt. Später hören die Reaktionen auf, weil Temperatur und Materiedichte im expandierenden Universum rapide sinken.

mischen Beobachtungen besteht glänzende Übereinstimmung. Man erkannte, daß diese Übereinstimmung von der Annahme abhing, daß in der Natur nur drei Neutrino-Varianten vorkommen. Wenn es vier gäbe, wäre die Expansionsgeschwindigkeit des frühen Universums größer gewesen, und als die schwachen Wechselwirkungen aufhörten, wären relativ mehr Neutronen übriggeblieben, und entsprechend höher wäre der Anteil von Helium gewesen, den das frühe Universum zurückließ. Nach sehr eingehenden Untersuchungen, die alle Beobachtungen und ihre Unsicherheiten berücksichtigten, kamen die Kosmologen zu dem Schluß, daß eine weitere Neutrino-Variante, vergleichbar den dreien, die wir kennen, nicht existieren könne (siehe Abbildung 3.5).

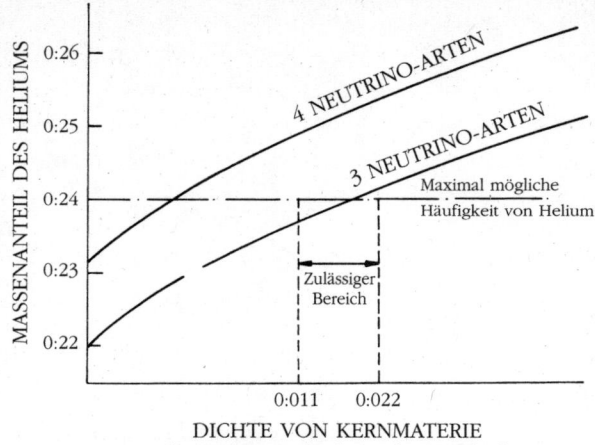

Abbildung 3.5: Die Häufigkeit von im frühen Universum produziertem Helium-4 für verschiedene Werte der universalen Dichte von Kernmaterie in Einheiten der kritischen Dichte, die für ein »geschlossenes« Universum erforderlich ist. Gezeigt wird die produzierte Helium-Menge bei Vorhandensein von drei bzw. vier Neutrino-Arten. Der Anteil von Helium-4 an der Masse des Universums liegt nach Beobachtungen zwischen 0,22 und 0,24. Wenn die Materiedichte zwischen 0,011 und 0,022 der kritischen Dichte liegt, stimmen auch die Häufigkeiten von Helium-3, Deuterium und Lithium-7 mit den Beobachtungen überein. Dieser Dichtebereich ist auch in Übereinstimmung mit der beobachteten Materiedichte, die man heute in Sternen und Galaxien findet. Bei Existenz von vier Neutrinoarten wird viel mehr Helium vorhergesagt als maximal zulässig (0,024). Beobachtungen und Vorhersagen stimmen nur überein, wenn es drei Neutrino-Arten gibt; der vorhergesagte Helium-Anteil liegt in diesem Fall zwischen 0,235 und 0,24.

Diese Feststellung wurde durch die CERN-Experimente bestätigt. Diese erzeugten in sehr großer Zahl kurzlebige Teilchen, die man Z-Bosonen nennt. Ein Z-Boson hat etwa 92mal soviel Masse wie ein Proton, und es zerfällt rasch in leichtere Teilchen, darunter auch Neutrinos. Je mehr Neutrino-Spielarten es gibt, desto mehr Zerfallsmöglichkeiten haben die Z-Bosonen, und desto schneller verschwinden sie. Die CERN-

Physiker untersuchten die Zerfälle von vielen Z-Bosonen daraufhin, in wie viele Neutrino-Arten sie zerfielen. Die Antwort war 2,98 ± 0,05, um Meßfehler zu berücksichtigen. Es gibt offenbar nur drei Neutrino-Arten.

Dies ist ein schönes Beispiel dafür, wie Teilchenphysik und Kosmologie sich gegenseitig ergänzen und unsere Kenntnis vom Universum insgesamt erweitern. Die korrekte Vorhersage der Häufigkeiten der leichtesten Kernelemente ist der größte Erfolg des Urknallmodells des Universums. Die Vorhersagen reagieren auf kleine Änderungen in der Struktur des Universums, als es eine Sekunde alt war. Das erlaubt es uns, Schlüsse hinsichtlich der damaligen Beschaffenheit des Universums zu ziehen. Hätte es zum Beispiel in unterschiedliche Richtungen mit unterschiedlichen Geschwindigkeiten expandiert oder im gesamten Raum starke Magnetfelder enthalten, wäre seine Expansionsgeschwindigkeit größer gewesen, und die Häufigkeit von Helium hätte die tatsächlich beobachtete weit überstiegen. Astronomische Beobachtungen der leichtesten Elemente reichen weiter in die Vergangenheit zurück als Beobachtungen der kosmischen Hintergrundstrahlung; sie sind daher unsere wirksamste Sonde hinsichtlich der Beschaffenheit des Universums, nachdem es gerade eine Sekunde expandiert hatte.

Diese Untersuchungen über die Kernreaktionen im frühen Universum lassen einen wesentlichen Grundzug des Urknallmodells hervortreten. Um die Häufigkeit der dort gebildeten Elemente zu berechnen, brauchen wir nicht zu wissen, wie das Universum am Anfang beschaffen war. Das Mengenverhältnis zwischen Protonen und Neutronen hängt von der Temperatur des Universums in dem Augenblick ab, als die schwachen Wechselwirkungen aufhörten. Dies ist eine bemerkenswerte Eigenschaft des Urknall-Universums; der heiße Gleichgewichtszustand sorgt dafür, daß die Temperatur die relativen Häufigkeiten verschiedener Materieteilchen und der

Strahlung präzise bestimmt. Diese Tatsache wurde erst 1951 in ihrer vollen Bedeutung erkannt. Bis dahin hatten viele Kosmologen geglaubt, daß die Häufigkeiten der Elemente in den allerersten Phasen des Universums von der am Anfang vorhandenen relativen Anzahl der Protonen und Neutronen abhängig gewesen sei. Dem ist aber nicht so. Bevor das Universum eine Sekunde alt war, waren Protonen und Neutronen gleich häufig. Manches ist, wie es ist, unabhängig davon, wie es war.

Die Inflation und die Teilchenphysiker

»Es ist seit langem ein Axiom von mir,
daß die kleinen Dinge bei weitem die wichtigsten sind.«

A Case of Identity

Mitte der siebziger Jahre schlug die Kosmologie eine neue Richtung ein. 1973 förderten die Teilchenphysiker eine Theorie zutage, die das Verhalten von Materie unter extremen Bedingungen erklären konnte. Bis dahin hatten sie angenommen, daß ihre Wechselwirkungen bei steigenden Energien und Temperaturen stärker und komplizierter werden würden. Sie waren deshalb nicht gerade brennend daran interessiert, die Bedingungen während der ersten Sekunde nach dem Urknall zu erforschen – die lösbaren Probleme waren dringender. Aus ihrer neuen Beschreibung hochenergetischer Wechselwirkungen zwischen Elementarteilchen ging jedoch hervor, daß diese Wechselwirkungen mit steigenden Temperaturen und Energien schwächer und einfacher wurden. Man nannte diese Eigenschaft »asymptotische Freiheit«, in der Annahme, daß die Teilchen bei unendlich großen Energien überhaupt nicht mehr wechselwirken würden.

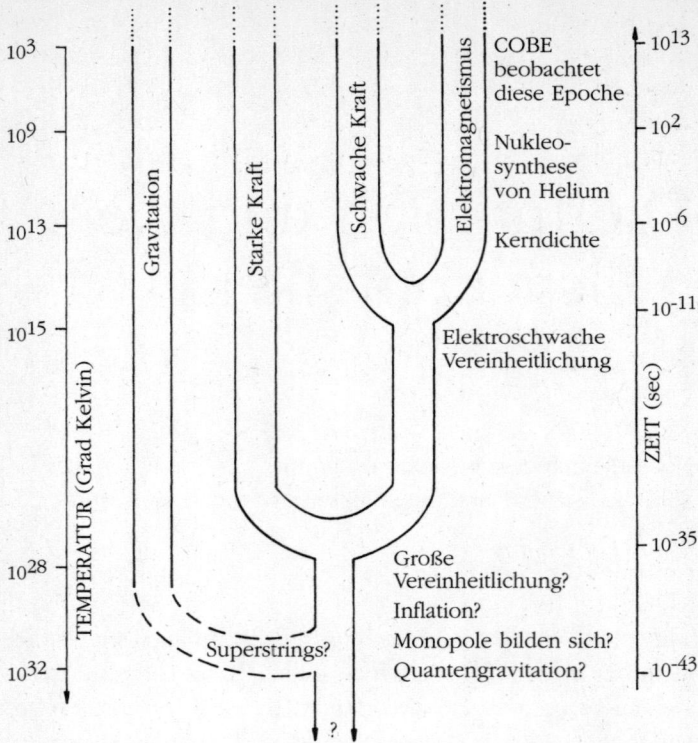

Abbildung 4.1: Die hypothetische Temperaturgeschichte während der ersten Million Jahre des Universums. Je weiter man in der Zeit zurückgeht, desto höher wird die Temperatur, mit der sich die effektive Stärke der fundamentalen Naturkräfte ändert. Man erwartet, daß es dabei zu Vereinheitlichungen kommt, die durch Fusionen der Kräfte angedeutet sind.

Die Elementarteilchenphysiker hatten bereits begonnen, nach Wegen zu suchen, die vier fundamentalen Naturkräfte – Gravitation, Elektromagnetismus, starke und schwache Kernkraft – in einer einzigen vereinheitlichten Theorie zusammenzufassen. Die Theorie über die Verflechtung der schwachen Kraft (sie manifestiert sich in einer bestimmten Art von

Radioaktivität) mit der elektromagnetischen Kraft, 1967 erstmals formuliert, erfuhr eine glänzende Bestätigung, als 1983 am CERN zwei neue Arten von Elementarteilchen entdeckt wurden, die nach der »elektroschwachen Theorie« existieren mußten. Jetzt suchte man nach Möglichkeiten, die starke Kraft (sie hält den Kern zusammen) einzubinden, um eine »große vereinheitlichte Theorie« zu erhalten, in der nur die Gravitation fehlen würde.

Diese Bemühungen um Vereinheitlichung scheinen auf den ersten Blick zum Scheitern verurteilt zu sein, weil die fundamentalen Naturkräfte, wie wir wissen, von sehr unterschiedlicher Stärke sind und auf verschiedene Teilchenarten wirken. Können derart verschiedene Dinge eins werden? Dazu ist zu sagen, daß die Stärken der Naturkräfte sich mit der Temperatur der Umgebung ändern. In der Niedrigenergie-Welt, in der wir leben, sind sie zwar sehr verschieden voneinander, doch mit steigenden Temperaturen ändern sie sich allmählich. Die in Aussicht genommenen Theorien, die man entwickelte, sagten eine annähernd gleiche Stärke für die starke Kraft und die elektroschwache Kraft bei sehr hohen Energien voraus – etwa 10^{15} GeV, was Temperaturen von rund 10^{28} Grad Kelvin entspricht. Energien, die weit über alles hinausgingen, was man jemals in einem irdischen Teilchenbeschleuniger würde erzeugen können, die aber den Energien glichen, die im frühen Universum einen Sekundenbruchteil (10^{-35} Sekunden) nach seinem scheinbaren Anfang herrschten. Es sollte daher möglich sein, die physikalische Stichhaltigkeit einer großen vereinheitlichten Theorie durch Untersuchung ihrer kosmologischen Konsequenzen zu überprüfen. Außerdem könnten Kosmologen finden, daß diese neuen Vorhersagen über das Verhalten von Elementarteilchen bislang unerklärte Eigenschaften des Universums erhellen.

Die Schwierigkeit, Kräfte von unterschiedlicher Stärke zu vereinheitlichen, überwanden die großen vereinheitlichten

Theorien, wie gesagt, dadurch, daß sie Veränderungen ihrer Stärke bei steigenden Temperaturen berücksichtigten (siehe Abbildung 4.1). Sie mußten jedoch noch das Problem lösen, daß jede Kraft auf eine andere Klasse von Elementarteilchen wirkt. Für eine volle Vereinheitlichung der Kräfte mußten diese Teilchen sich alle ineinander verwandeln können. Das setzte die Existenz von Vermittlern mit sehr großen Massen voraus – mit Massen, die so groß waren, daß die Vermittler in großer Zahl nur auftreten konnten, als das Universum heiß genug war, um sie in Teilchenkollisionen zu erzeugen. Diesen Theorien zufolge mußten zwei neue Arten von schweren Teilchen entstehen. Das eine – wir nennen es das X-Teilchen – schien ein Geschenk des Himmels zu sein, denn im Unterschied zu allen bekannten Elementarteilchen konnte es Materie in Antimaterie verwandeln. Dank dieser Eigenschaft konnten die großen vereinheitlichten Theorien eine merkwürdige Einseitigkeit im Universum erklären.

Zu jeder Art von Elementarteilchen in der Natur, mit Ausnahme des Photons, gibt es ein Antiteilchen, dessen Attribute entgegengesetzte Werte haben, ähnlich wie der Nordpol eines Magneten seinem Südpol entgegengesetzt ist. In teilchenphysikalischen Laborexperimenten werden Teilchen und Antiteilchen ganz und gar demokratisch erzeugt, doch wenn wir ins All blicken oder kosmische Strahlen einfangen, finden wir nur extraterrestrische Materie, nie extraterrestrische Antimaterie. Das Universum scheint von Materie dominiert zu sein, und wenn das heute so ist, muß es, wie die Kosmologen folgerten, auch am Anfang so gewesen sein, denn eine Umwandlung von Antimaterie in Materie erschien unmöglich. Das gegenwärtige Ungleichgewicht ist also nur zu erklären, wenn es eine anfängliche Asymmetrie gegeben hat. Doch wenn man zur Erklärung der gegenwärtigen Asymmetrie eine spezielle anfängliche Asymmetrie postuliert, erklärt man im Grunde nichts. Als »natürlich« erscheint uns nur ein

Anfangszustand, in dem Materie und Antimaterie in gleicher Menge vorhanden sind, doch scheint es unmöglich zu sein, daß ein solcher Zustand in den einseitigen Zustand übergeht, den wir heute beobachten. Hier kamen die von den großen vereinheitlichten Theorien geforderten X-Teilchen zu Hilfe. Sie vermitteln nicht nur die Vereinheitlichung der starken und der elektroschwachen Kraft, sondern ermöglichen nebenbei die Umwandlung von Materie in Antimaterie. Da X-Teilchen und ihre Antiteilchen nicht mit gleicher Häufigkeit zerfallen, konnte ein Anfangszustand mit einem vollkommenen Gleichgewicht zwischen Materie und Antimaterie (gleiche Anzahl von X- und Anti-X-Teilchen) durch diese Zerfälle in den allerersten Momenten des Universums in einen asymmetrischen übergehen.

Diese mögliche Lösung der beobachteten Asymmetrie zwischen Materie und Antimaterie weckte zwischen 1977 und 1980 bei Teilchenphysikern ein gewaltiges Interesse an der Erforschung des sehr frühen Universums. Die Sache hatte allerdings eine Kehrseite, die aber von den meisten ignoriert wurde. Das X-Teilchen war, wie man weiß, nur eines von zwei Arten von Teilchen, die während der ersten Momente im ganzen Universum erzeugt wurden. Während die X-Teilchen bald in Quarks und Elektronen zerfielen, die in die uns heute umgebenden Atome eingingen, war die zweite Art unerwünscht und wollte nicht verschwinden.

Diese unerwünschten Teilchen, »magnetische Monopole« genannt, werden von jeder großen vereinheitlichten Theorie gefordert, wenn sie eine Welt wie die unsere produzieren soll, eine Welt mit den bekannten Kräften der Elektrizität und des Magnetismus. Wegen dieses Zusammenhangs mit Elektrizität und Magnetismus konnten sie nicht durch Herumbasteln an ihrer Struktur aus der Theorie eliminiert werden. Man mußte also einen Weg finden, sie gleich nach ihrer Entstehung aus dem frühen Universum zu entfernen, denn es gibt keine Beobachtungstatsachen, die dafür sprechen, daß sie heute existieren. Schlimmer noch: Falls sie weiterexistiert hätten, hätten sie milliardenfach mehr zur Dichte des Universums beigetragen als alle gewöhnliche Materie in Sternen und Galaxien. Das wäre nicht das Universum, in dem wir leben. Ein solches Übergewicht an Materie in jeglicher Form hätte nämlich das Universum verlangsamt und es schon vor Milliarden von Jahren mit einem großen Zusammenbruch einstürzen lassen. Es könnte weder Galaxien noch Sterne oder Menschen geben. Das Problem war sehr schwerwiegend. Wie konnte man diese unerwünschten Monopole loswerden oder ihre Erzeugung unterbinden? Die Antwort sollte ein neues Kapitel in unserem Denken über das Universum eröffnen und uns auf völlig neue Weise an die Frage herangehen lassen, wie es entstanden sein könnte. Um die Tragweite dieses Wandels zu verstehen, müssen wir uns der Frage zuwenden, ob das Universum, das wir heute sehen, alles ist, was es gibt, und warum seine gegenwärtige Form so rätselhaft ist.

Wenn vom Universum die Rede ist, gilt es, eine wichtige Unterscheidung zu machen. Da ist einmal *das Universum* – alles, was es gibt. Es könnte von unendlicher, aber auch von endlicher Ausdehnung sein; wir wissen es einfach nicht. Dann ist da etwas, das wir das *sichtbare Universum* nennen sollten – jener endliche Teil des Universums, aus dem Licht in der Zeit zu uns gelangen konnte, seit das Universum selbst zu expandieren begann (siehe Abbildung 4.2). Wir können uns das sichtbare Universum vorstellen als eine imaginäre Kugel mit einem Radius von rund fünfzehn Milliarden Lichtjahren, in deren Mittelpunkt wir uns befinden. Im Laufe der Zeit nimmt unser sichtbares Universum an Größe zu.

Jetzt stellen Sie sich vor, daß wir die Geschichte der Region, die unser heute sichtbares Universum bildet, zurückverfolgen. Sie hat an der universalen Expansion teilgenommen, und so muß die in ihr enthaltene Materie (die heute für hundert

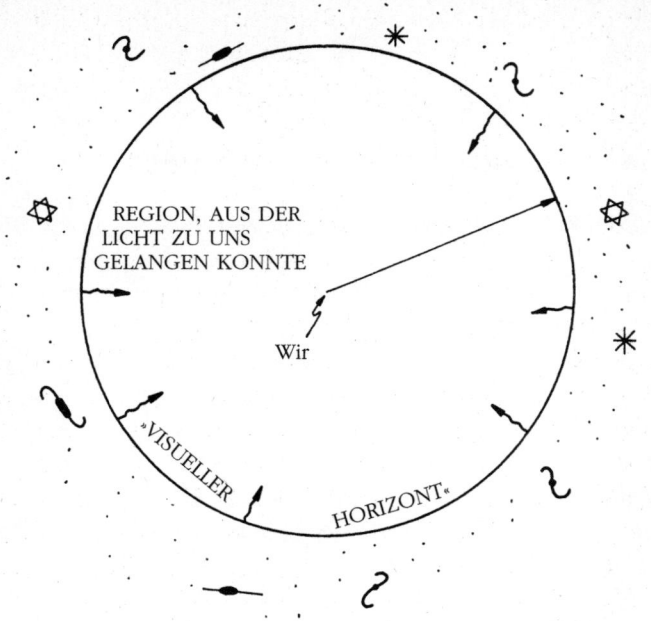

REGION, AUS DER
LICHT ZU UNS
GELANGEN KONNTE

Wir

"VISUELLER

HORIZONT"

Abbildung 4.2: Das sichtbare Universum ist definiert als jene uns umgebende kugelförmige Region, aus der seit dem Beginn der Expansion des Universums Licht zu uns gelangen konnte. Der Radius dieser Kugel beträgt heute 3×10^{27} Zentimeter.

Milliarden Galaxien ausreicht) früher in einer sehr viel kleineren Region enthalten gewesen sein. Während der Radius dieser Region mit der Expansion wächst, sinkt umgekehrt die Temperatur der Strahlung in ihr mit ihrer Ausdehnung, im Einklang mit den bekannten und bewährten Gesetzen der Thermodynamik. Wir können daher die Strahlungstemperatur als ein Maß für die Größe des gegenwärtig sichtbaren Teils des Universums in der Vergangenheit benutzen. Wenn seine Größe sich verdoppelt, halbiert sich seine Temperatur.

Wählen wir nun einen sehr frühen Zeitpunkt, an dem die große Vereinheitlichung von drei der fundamentalen Kräfte

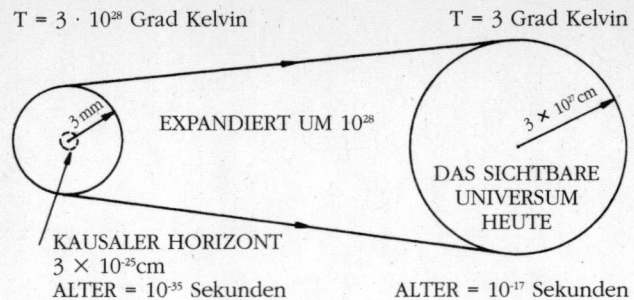

T = 3 · 10^{28} Grad Kelvin   T = 3 Grad Kelvin

EXPANDIERT UM 10^{28}

3 mm

3×10^{27} cm

DAS SICHTBARE
UNIVERSUM
HEUTE

KAUSALER HORIZONT
3×10^{-25} cm
ALTER = 10^{-35} Sekunden   ALTER = 10^{-17} Sekunden

Abbildung 4.3: Wenn wir die Expansionsgeschichte unseres sichtbaren Universums zurückverfolgen, finden wir es zu der Zeit, als es 10^{-35} Sekunden alt war, auf eine Region mit einem Radius von drei Millimetern komprimiert. Licht hat zu diesem frühen Zeitpunkt aber erst 10^{-25} Zentimeter zurückgelegt. Das definiert den »kausalen Horizont« zu dieser Zeit.

stattgefunden haben soll. Es ist dies die Epoche, in der die Temperatur des Universums hoch genug war, um die X-Teilchen und Monopole zu erzeugen. Sie entspricht rund 3×10^{28} Grad Kelvin, und um eine solche Umgebung anzutreffen, müssen wir bis auf 10^{-35} Sekunden nach dem Beginn der Expansion zurückgehen.

Heute, nach rund 10^{17} Sekunden der Expansion, ist die Temperatur der Strahlung auf 3 K gesunken. Die Temperatur hat sich also seit jener frühen Zeit um einen Faktor 10^{28} geändert, und der Inhalt des heute sichtbaren Universums war damals in einer Kugel enthalten, die 10^{28} mal kleiner war als das heute sichtbare Universum. Der Radius des heute sichtbaren Universums ist gegeben durch sein Alter, multipliziert mit der Lichtgeschwindigkeit. Dieser Radius beträgt rund 3×10^{27} Zentimeter, wie Abbildung 4.2 zeigt. Folglich war alles, was es in unserem sichtbaren Universum gibt, zur Zeit der großen Vereinheitlichung in einer Kugel von nur drei Millimeter Radius enthalten! Das erscheint unglaublich klein, das Problem ist jedoch, daß es in Wirklichkeit recht *groß* ist. Denn die Distanz, die Licht seit Beginn der Expansion zurückgelegt haben kann, ist zu diesem Zeitpunkt das Produkt von Lichtgeschwindigkeit, 3×10^{10} Zentimeter pro Sekunde, und dem Alter, 10^{-35} Sekunden, was 3×10^{-25} Zentimeter ergibt (siehe Abbildung 4.3). Dies ist die größte Distanz, die ein Signal seit Beginn der Expansion zurückgelegt haben kann. Man bezeichnet sie als die »Horizontdistanz«. Falls irgendwelche Unregelmäßigkeiten im Anfangszustand des Universums durch Reibung oder andere glättende Prozesse ausgebügelt werden, bestimmt der Horizont die maximale Ausdehnung der Glättung zu jeder Zeit, da diese Prozesse nicht schneller wirken können als die Lichtgeschwindigkeit. Das Problem ist, daß die Region, die sich ausdehnen wird, um zu unserem heute sichtbaren Universum zu werden, zu jenem frühen Zeitpunkt unglaublich viel *größer* war als die Horizontdistanz. Das wirft ein Rätsel und ein Problem auf.

Das *Rätsel* ist, wie man die bemerkenswerte Regelmäßigkeit unseres Universums von Ort zu Ort und von einer Richtung am Himmel zur anderen erklären soll, wenn es aus einer riesigen Zahl von getrennten Regionen zusammengesetzt ist, die einst völlig unabhängig voneinander waren – unabhängig in dem Sinne, daß seit dem Anfang des Universums nicht genügend Zeit dafür gewesen war, daß Licht sich von einer zur anderen fortpflanzen konnte. Wie kamen sie dazu, mit einer Genauigkeit von mehr als eins zu tausend dieselbe Temperatur und Expansionsgeschwindigkeit zu haben (was die Isotropie der Mikrowellen-Hintergrundstrahlung beweist), wenn nicht genügend Zeit für einen Wärme- oder Energietransfer war, um sie zu koordinieren? Uns bleibt anscheinend nur die Schlußfolgerung, daß der Anfangszustand derart beschaffen war, daß die Bedingungen einfach überall gleich »erschaffen« wurden.

Das *Problem* ist die Allgegenwart der magnetischen Monopole. Diese Teilchen entstanden im frühen Universum dort, wo die Orientierungen ungewöhnlicher Energiefelder nicht übereinstimmten. Überall dort, wo die Richtungen, in die diese Felder deuten, nicht übereinstimmten, bildete sich ein Energieknoten – ein Monopol. Der Horizontdurchmesser zu dieser Zeit, 10^{-25} Zentimeter, entspricht dem Bereich, in dem die Richtungen dieser Energiefelder in eine Linie gebracht und Nichtübereinstimmungen vermieden werden können. Aber zu jenem sehr frühen Zeitpunkt war die Region, die zu unserem sichtbaren Universum expandieren sollte, 10^{24}mal größer als die Horizontdistanz und muß folglich eine ungeheure Zahl von Nichtübereinstimmungen enthalten haben, mit dem Ergebnis einer unannehmbar großen Zahl von Monopolen heute in unserem sichtbaren Teil des Universums. Dies bezeichnet man als das »Monopolproblem«.

Es ist zweckmäßig, sich von diesen Details zu lösen und sich darüber klarzuwerden, was geschehen ist. Physiker haben detaillierte Theorien über das Verhalten von Materie bei sehr hohen Temperaturen aufgestellt. Solche Theorien sollten daher auf die ersten Momente der Geschichte des Universums Anwendung finden. Wendet man sie an, um diese ersten Momente zu rekonstruieren, führen sie zu aufregenden neuen Erkenntnissen. Sie erklären zum Beispiel, wie das Universum dazu kam, die Materie gegenüber der Antimaterie zu bevorzugen. Sie sagen aber auch die Existenz neuer Materieteilchen, der magnetischen Monopole, mit einer riesigen kosmischen Häufigkeit vorher, einer Häufigkeit, die nicht beobachtet wird. Daß man so viele Monopole erwartet, hat seinen Grund darin, daß das ganze heute sichtbare Universum aus einer Region expandierte, die zu der Zeit, als die Monopole erzeugt wurden, weit größer war als die Distanz, die ein Lichtsignal seit Beginn der Expansion zurückgelegt haben konnte, und daher sehr viele energetische Nichtübereinstimmungen von der Art enthalten mußte, die Monopole erzeugt. Die Physiker waren von den Erfolgen dieser großen vereinheitlichten Theorien so angetan, daß sie sie nicht etwa angesichts des Monopolproblems aufgaben, sondern dieses Problem ausklammerten und sich weiterhin mit den anderen Eigenschaften dieser Theorien befaßten, wie Mr. Micawber in *David Copperfield* darauf hoffend, daß sich schon etwas finden werde. Und es fand sich etwas.

Alan Guth, ein junger amerikanischer Teilchenphysiker vom Stanford-Linearbeschleuniger, fand 1979 eine Möglichkeit, dieses Problem zu lösen und die Idee der großen Vereinheitlichung mit dem, was wir über das Universum wissen, in Einklang zu bringen. Sein Konzept des »inflationären Universums« ist seither zum Brennpunkt von Studien über das sehr frühe Universum geworden, und die Inflationstheorie ist zu einer eigenen Disziplin gediehen, die alle Möglichkeiten erkundet, wie seine grundlegende Idee sich realisieren läßt.

Das Monopolproblem ist offenbar eine Konsequenz der geringen Ausdehnung des Horizonts im sehr frühen Universum. Der Horizont zur Zeit der großen Vereinheitlichung müßte sich bis heute zu einer Region von nicht mehr als hundert Kilometer Durchmesser ausgedehnt haben. Wenn nur das Universum sich in seinen ersten Phasen schneller ausgedehnt hätte, könnten wir die Horizont-Region zu einer Region erweitern, die die Ausdehnung des heute sichtbaren Universums hat. Das ist es, was Alan Guths Hypothese vom inflationären Universum vorschlägt. Sie postuliert, daß das Universum während seiner allerersten Phasen eine kurze Periode *beschleunigter* Expansion durchläuft. Die postulierte Periode ist sehr kurz – eine Beschleunigung von $t = 10^{-35}$ bis $t = 10^{-33}$ Sekunden reicht schon aus (siehe Abbildung 4.4).

Falls diese Beschleunigung erfolgt ist, kann unser ganzes sichtbares Universum aus einer Region hervorgegangen sein, die klein genug war, um in der Zeit seit dem Beginn der Expansion von Lichtsignalen durchquert worden zu sein. Seine Glätte und Isotropie wird dadurch verständlich. Das Wichtigste ist aber, daß es keine Monopole in großer Zahl gibt, weil

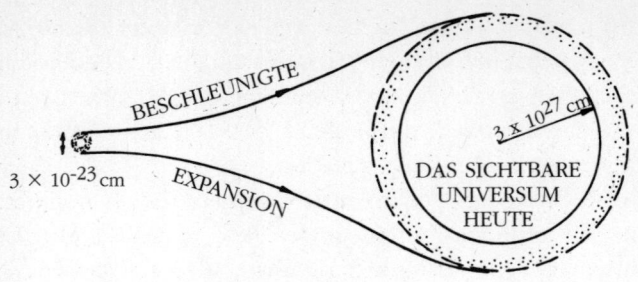

BESCHLEUNIGTE

EXPANSION

3×10^{-23} cm

3×10^{27} cm

DAS SICHTBARE
UNIVERSUM
HEUTE

Abbildung 4.4: Die frühe Expansion des Universums wird durch Inflation beschleunigt, so daß die Region mit dem Radius 10^{-25} Zentimeter sich bis zur Größe unseres heute sichtbaren Universums ausdehnen kann. Vgl. dies mit dem langsameren Expansionsverlauf in Abbildung 4.3.

unser sichtbares Universum aus einer Region hervorgegangen ist, die so klein war, daß sie höchstens *eine* der Nichtübereinstimmungen enthalten konnte, die Monopole erzeugen. Das Monopolproblem wäre dann gelöst. Auch die beobachtete Gleichförmigkeit wird nicht durch einen neuen Mechanismus erklärt, der das Monopolproblem beseitigt, und auch nicht durch ein Prinzip, demzufolge der Anfangszustand säuberlich geordnet sein muß, sondern durch die Tatsache, daß wir nur das erweiterte Abbild einer Region sehen, die klein genug war, um von Anfang an durch glättende Prozesse, die überschüssige Energie von heißeren zu kühleren Regionen befördern, in einem gleichförmigen Zustand gehalten zu werden. Die Nichtgleichförmigkeiten könnten dennoch irgendwo außerhalb unseres gegenwärtigen Horizonts vorhanden sein. Sie wurden nicht aufgelöst, sondern lediglich dorthin gekehrt, wo wir sie nicht sehen können.

Die kurze Periode der kosmischen Geschichte, in der sich die Expansion des Universums beschleunigt, erscheint wie eine Fußnote zur Geschichte des Universums, aber sie hat gewichtige und weitreichende Implikationen. Wir haben oben die Singularitätstheoreme von Penrose, Hawking, Geroch und Ellis erwähnt; sie beruhen, wie Sie sich erinnern werden, auf der Annahme, daß die Gravitation immer und überall eine Anziehung zwischen der einen und anderen Materie bewirkt. Auf Seite 61 zeigten wir, daß die Größe D, eine Summe der Dichte und der Drücke im Universum, positiv sein muß, damit die Gravitation als anziehende Kraft wirkt. Wenn dies der Fall ist, unterliegt die Expansion aller Universen einer Verlangsamung, und das erwartete man in allen Urknallmodellen, bevor die Inflation vorgeschlagen wurde. Die Gravitation bewirkt – unabhängig davon, wie schnell ein Universum zu expandieren beginnt und ob es für immer expandieren oder in einem großen Zusammenbruch kollabieren wird – eine Verlangsamung der Expansion, wegen der Anziehung, die jegliche Materie auf andere Materie ausübt. Soll das frühe Universum also für kurze Zeit eine beschleunigte Expansion erfahren, muß die Gravitation zeitweilig abstoßende Wirkung haben, und folglich muß die Größe D zeitweilig negativ werden. Dies ist der springende Punkt der Hypothese vom inflationären Universum; es ist eine Erklärung für die Gleichförmigkeit des Universums und eine Lösung des Monopolproblems, gestützt auf die Voraussetzung, daß antigravitative Zustände der Materie existieren, die bald nach dem Urknall diese kurze Beschleunigungsperiode erzeugen können. Wenn derartige Materie in der Natur nicht vorkommt, ist die Theorie gescheitert. Wenn sie doch vorkommt, dann muß, wie wir im nächsten Kapitel sehen werden, im Universum irgendein fossiles Beweisstück existieren, das von dieser einstigen Inflationsphase zeugt.

In den sechziger Jahren galt es als unzweifelhaft, daß alle Materieformen gravitative Anziehung – und nicht Abstoßung – zeigen. In den achtziger Jahren gelangten Kosmologen jedoch zu der Ansicht, daß Materie mit hoher Dichte Bedingungen schafft, unter denen es zu einer gravitativen Abstoßung kommt. Auch diese Kehrtwendung beruhte darauf, daß Teilchenphysiker neue Möglichkeiten eröffneten, indem sie in ihren Theorien neue Materieformen vorhersagten, die sehr hohe negative Drücke erzeugen können. Diese negativen Drücke können so groß sein, daß sie die positive Dichte überwiegen und eine gravitative Abstoßung erzeugen (und damit einen negativen Wert der Größe D). Wenn diese Materieformen nicht nur auf dem Papier, sondern wirklich existieren, können sie mit der Expansion des Universums ganz allmählich an Stärke zunehmen und schließlich ihre abstoßenden Wirkungen auf die Expansion ausüben. Die Expansion wird sich daher beschleunigen. Das Universum wird sich »aufblähen«, bis die dafür verantwortlichen Materiefelder in gewöhnlichere Formen von Materie und Strahlung zerfallen, Formen, die lediglich gravitative Anziehung zeigen. Die Expansion wird dann in den Verlangsamungszustand zurückkehren, den sie vor Beginn der Expansion besaß und den sie heute hat. Dies ist in kurzen Zügen das Inflationsszenario für die Entwicklung des sehr frühen Universums (siehe Abbildung 4.5).

Dieses Bild der kosmischen Geschichte besitzt für Kosmologen viele Pluspunkte. Es löst, wie gesagt, das Monopolproblem, und es gibt uns die Möglichkeit, die Gleichförmigkeit des Universums in seinen allgemeinsten beobachteten Eigenschaften zu verstehen. Es macht aber auch zwei weitere Vorhersagen über den gegenwärtigen Zustand des sichtbaren Universums, so daß wir es, falls diese widerlegt werden, verwerfen können.

Um das Monopolproblem zu lösen, muß die Periode der beschleunigten Expansion mindestens siebzigmal so lange dauern, wie das Universum bei Beginn der Beschleunigung alt ist. Aus dieser beschleunigten Expansion ergibt sich eine wichtige Konsequenz: Das Universum expandiert schneller und länger, als es das ohne sie getan hätte. Ohne Inflation hätte es sich natürlicherweise nur für einen Sekundenbruch-

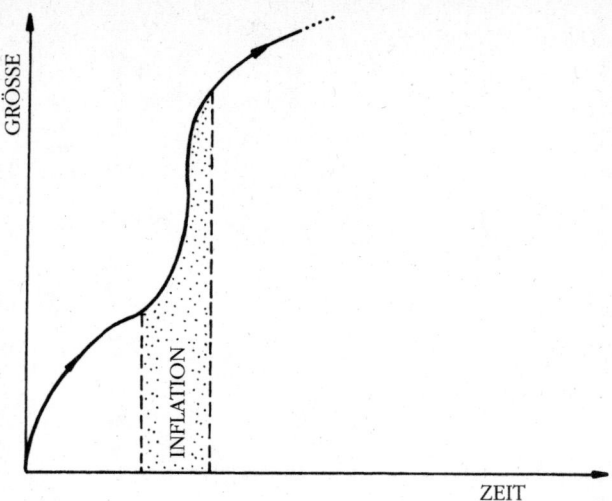

Abbildung 4.5: Variation des Radius eines inflationären Universums mit der Zeit. Die Inflationsphase ist in der Darstellung stark vergrößert. Praktisch braucht sie nur von 10^{-35} bis 10^{-33} Sekunden nach Beginn der Expansion gedauert zu haben. Das derzeitige Alter beträgt rund fünfzehn Milliarden Jahre. Die Abbildung zeigt, wie die Expansion des Universums sich zunächst verlangsamt, sich dann während einer Phase, in der die Inflation erfolgt, beschleunigt, um nach dem Ende der Inflation wieder in einen Zustand verlangsamter Expansion zurückzukehren.

teil ausgedehnt, um dann wieder zu kontrahieren; mit der Inflation kann die Expansion leicht über mehr als Billionen Jahre anhalten. Die Beschleunigung treibt unser Universum sehr nah an den kritischen Wert heran, der Universen, die endlos expandieren werden, von solchen trennt, die letztlich wieder in einem großen Zusammenbruch kontrahieren müssen. Die Inflation liefert somit eine natürliche Erklärung für die beobachtete rätselhafte Nähe des sichtbaren Universums zu dem kritischen Wert (siehe Abbildung 4.6).

Wenn die Periode der beschleunigten Expansion lange genug anhielte, um zu erklären, warum wir keine magnetischen Monopole finden, müßte sich die gegenwärtige Expansion

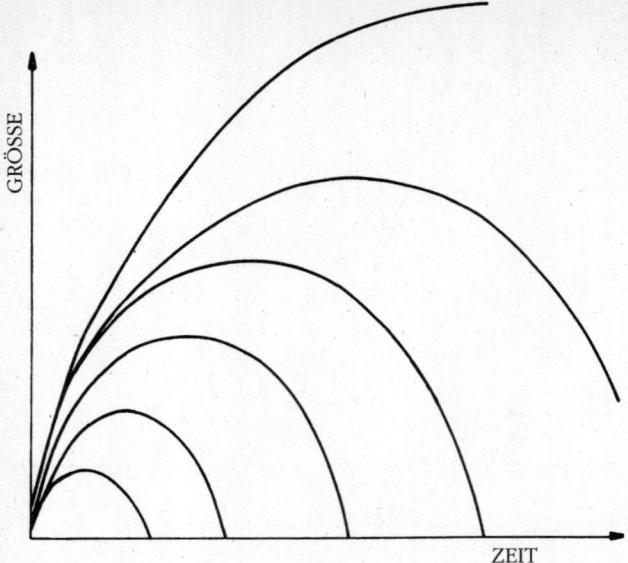

GRÖSSE

ZEIT

Abbildung 4.6: Eine Reihe verschiedener geschlossener Universen mit unterschiedlicher Lebensdauer. Die am längsten expandierenden Universen werden am engsten an den kritischen Wert herangetrieben.

mit einer Abweichung von weniger als eins zu einer Million mit dem kritischen Wert decken; die mittlere Dichte des sichtbaren Universums müßte also mit einer Abweichung von weniger als eins zu einer Million mit dem kritischen Wert identisch sein, der im Mittel 2×10^{-29} Gramm Materie pro Kubikzentimeter Raum beträgt.

Dies ist aus zwei Gründen interessant. Erstens werden wir, wenn die Dichte so nah beim kritischen Wert liegt, nie bestimmen können, ob unser Universum offen oder geschlossen ist: Unsere Beobachtungen können die Dichte des sichtbaren Teils des Universums nicht mit einer Genauigkeit von eins zu einer Million messen. Von unmittelbarem Interesse ist jedoch die zweite Implikation – weil die beobachtete Dichte *leuchtender* Materie mindestens zehnmal kleiner ist als die kritische Dichte. Wenn die Inflationstheorie stimmt, muß der größte Teil der Materie im sichtbaren Teil des Universums in einer nichtleuchtenden Form statt in Gestalt von leuchtenden Sternen und Galaxien existieren. Dies ist eine willkommene Schlußfolgerung, denn lange haben die Astronomen sich den Kopf über die beobachtete Tatsache zerbrochen, daß Sterne und Galaxien sich schneller bewegen, als sie von den Gravitationskräften bewegt werden können, die von benachbarter leuchtender Materie auf sie ausgeübt wird. Offenbar existiert sehr viel dunkle, unsichtbare Materie, deren gravitative Anziehung für die von uns beobachteten Bewegungen der Sterne und Galaxien verantwortlich ist.

Dieses Mißverhältnis legt die Vermutung nahe, daß sich draußen zwischen den Sternen und Galaxien sehr viel mehr dunkle Materie befinden muß – vielleicht in Form von sehr schwach leuchtenden Sternen oder von Felsbrocken, Gas, Staub und sonstigen Trümmern –, Materie, die nicht in die Prozesse einbezogen wurde, die zur Sternbildung führten. Eine Karte der Lichtverteilung im Universum wäre demnach kein verläßlicher Führer bezüglich der Materieverteilung – eine durchaus vertraute Situation. Würden wir aus dem Weltraum auf die Erde blicken und eine Karte von der nächtlichen Beleuchtung anfertigen, würde diese die Bevölkerungsdichte nicht sehr getreu darstellen. Was sie zeigen würde, wäre die Verteilung des Reichtums. Die Großstädte des Westens würden hell erstrahlen, doch die Riesenagglomerationen der Dritten Welt würden im Dunkel liegen.

Leider scheinen die Dinge im Universum nicht so einfach zu liegen. Wir mögen es vielleicht für eine vernünftige Annahme halten, daß das Universum große Mengen an gewöhnlicher atomarer und molekularer Materie enthält, die in nichtleuchtenden Formen verstreut ist, doch scheint die Natur unsere Meinung nicht zu teilen. Sie erinnern sich, daß einer der Ecksteine unserer Theorie vom expandierenden Universum in unserer Fähigkeit bestand, genau das Ergebnis der aufeinanderfolgenden Kernreaktionen vorherzusagen, die abgelaufen sein müssen, als das Universum erst einige Minuten alt war. Diese Berechnungen führen zu einer bemerkenswerten Übereinstimmung mit den beobachteten Häufigkeiten von Wasserstoff, Lithium, Deuterium und den beiden Helium-Isotopen. Aus ihnen geht hervor, daß die Dichte der an diesen Kernreaktionen beteiligten Materie nicht mehr als ein Zehntel der kritischen Dichte betragen darf. Wäre die tatsächliche Dichte größer, würden die Kernreaktionen so viele Neutronen in Helium-4 eingebunden haben, daß als Nebenprodukte weit weniger Deuterium- und Helium-3-Kerne übriggeblieben wären, als wir heute beobachten. Die Häufigkeiten von Helium-3 und Deuterium können als ein empfindliches Maß für die kosmische Dichte von Kernmaterie betrachtet werden. Aus ihnen können wir schließen, daß, sollte das Universum eine beinahe kritische Dichte von dunkler, in ihm verborgener Materie aufweisen, diese Materie nicht eine Form haben kann, die an Kernreaktionen beteiligt ist.

Sie muß folglich die Form von neutrinoartigen Teilchen haben. Neutrinos tragen keine elektrische Ladung und sind daher nicht der elektromagnetischen Kraft unterworfen. Auch den Einfluß der starken Kernkraft spüren sie nicht; nur die Schwerkraft und die schwache Kraft machen sich bei ihnen bemerkbar.

Von den drei bekannten Neutrinoarten hat man bisher bei keiner gefunden, daß sie eine von Null verschiedene Masse hat. Die Beweise sind jedoch nicht zwingend; da Neutrinos so schwach wechselwirken, sind die Experimente zur Ermittlung ihrer Masse äußerst schwierig und ziemlich unempfindlich für die winzige Masse, die ein Neutrino besitzen könnte. Doch die Teilchenphysiker haben uns mehr zu bieten. Ihre Bemühungen, alle Naturkräfte zu vereinheitlichen, haben zu der Vorhersage von massereichen, schwach wechselwirkenden Teilchen geführt, die sie WIMPs nennen (abgekürzt für *Weakly Interacting Massive Particles* = schwach wechselwirkende massereiche Teilchen) und die in terrestrischen Experimenten bisher nicht ermittelt wurden. Ein neuer, in Genf geplanter Teilchenbeschleuniger soll unter anderem diese massereichen Teilchen entdecken.

Wenn die drei bekannten Neutrino-Arten Massen von nicht mehr als neunzig Elektronvolt besäßen (ein Wasserstoffatom hat eine Masse von über einer Milliarde Elektronvolt), würden alle im Universum verstreuten Neutrinos eine Dichte ergeben, die über dem kritischen Wert liegt, und das Universum wäre dann »geschlossen«, würde also irgenwann in sich zusammenstürzen. Falls WIMPs existieren und auch nur eine doppelt so große Masse wie das Wasserstoffatom haben, wird ihre Dichte der Urknalltheorie zufolge groß genug sein, um das Universum zu schließen.

Wenn es stimmt, daß das Universum hauptsächlich aus einem Meer dieser schwach wechselwirkenden Teilchen besteht, könnte man fragen, warum wir sie nicht direkt detektieren und damit die Frage ein für allemal klären können. Leider ist es ausgeschlossen, daß wir ein universales Meer der bekannten Neutrinos jemals direkt detektieren werden, da sie aufgrund ihrer geringen Masse zu schwach mit unseren Detektoren wechselwirken. Wir könnten höchstens versuchen, die Masse der Neutrinos im Labor zu messen – wo sie erzeugt werden können mit Hilfe von Energien, die es erlauben, ihre Auswirkungen auf andere Teilchen zu beobachten –, und unsere Erwartungen bezüglich ihrer Auswirkungen auf die Aggregation von leuchtender Materie in der Weise überprüfen, daß wir Computersimulationen des Aggregationsprozesses mit Beobachtungen vergleichen. Sehr viel aufregender wird die Sache jedoch, wenn die WIMPs die dunkle Materie bilden. Diese Teilchen sind milliardenmal massereicher, als es die bekannten Neutrinos sein könnten, und sie sollten unsere

Detektoren mit sehr viel mehr Energie treffen. Ein Meer dieser Teilchen im uns umgebenden Universum sollten wir durchaus detektieren können, wenn sie häufig genug sind, um die dunkle Materie zu bilden.

Gegenwärtig versuchen mehrere Forschungsteams in Großbritannien und den Vereinigten Staaten, ein kosmisches Meer von WIMPs mit Hilfe unterirdischer Detektoren aufzuspüren. Trifft eines dieser Teilchen einen Atomkern in einem Kristall, erfährt der Kern einen Rückstoß und bewirkt dank der aufgenommenen Energie eine meßbare, geringfügige Erwärmung des Kristalls. Man erwartet, daß in einem Kilogramm Material täglich ein bis zehn solcher Ereignisse zu beobachten sein werden. Wenn es gelingt, den Detektor gegen alle sonstigen Signale – von kosmischen Strahlen, radioaktiven Zerfällen und anderen terrestrischen Vorgängen – abzuschirmen, die ihn sonst überschwemmen würden, müßte man feststellen können, ob wir ringsum von WIMPs umgeben sind. Um diese Abschirmung zu erreichen, bringt man den Detektor tief unter der Erde in einem Kühlschrank unter, der ihn bis auf ein Grad oberhalb des absoluten Nullpunkts abkühlt, und umgibt den Kühlschrank mit absorbierenden Materialien (siehe Abbildung 4.7).

Die ersten Resultate derartiger Experimente hoffen wir im Laufe der nächsten Jahre zu erhalten. Sie werden uns bemerkenswerte und unerwartete Aufschlüsse über das Universum geben. Ob das Universum offen oder geschlossen ist, könnte von den Eigenschaften der kleinsten Materieteilchen abhängen und wird möglicherweise in der Tiefe von Bergwerksschächten auf der Erde und nicht mit Hilfe von Teleskopen entschieden, die wir auf den Himmel richten. Denkbar ist, daß die großen Galaxienhaufen nur ein Tropfen im Ozean der gesamten Materie des Universums sind. Die Hauptmasse dieser Materie, die möglicherweise ausreicht, um den Raum bis zur Geschlossenheit zu krümmen, könnte eine völlig an-

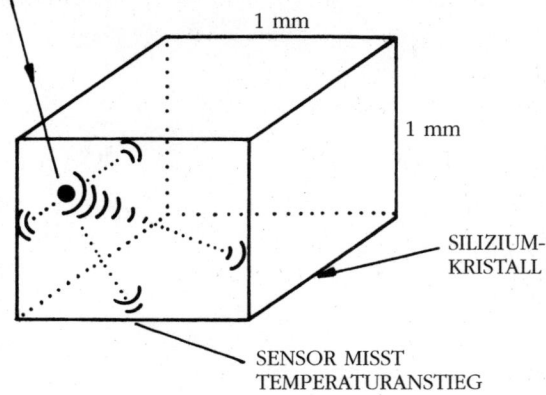

ANKOMMENDES WIMP
TRIFFT ATOMKERN

1 mm

1 mm

SILIZIUM-
KRISTALL

SENSOR MISST
TEMPERATURANSTIEG

Abbildung 4.7: Ein physikalischer Prozeß, den man nutzen kann, um WIMPs zu detektieren. Ein kleiner Kristall (1 mm Kantenlänge) wird bis auf wenige Hundertstelgrad Kelvin über dem absoluten Nullpunkt abgekühlt. Ein ankommendes WIMP trifft den Kern eines Atoms in dem Kristall. Der Kern prallt zurück, wird aber rasch gebremst und gibt dabei die Rückstoßenergie in Form von Druckwellen ab, die den Kristall um einen geringen, aber meßbaren Betrag erwärmen.

dere Form aufweisen als alles, was wir bisher in unseren Teilchenbeschleunigern entdeckt haben. Das wäre dann, was unsere Stellung im materiellen Universum angeht, die letzte kopernikanische Wende. Nicht nur, daß wir uns nicht im Mittelpunkt der Welt befinden – wir sind noch nicht einmal aus der im Universum vorherrschenden Form von Materie gemacht.

Die Inflation und die COBE-Untersuchung

»Es ist ein recht vertracktes Problem,
und ich bitte Sie, mich in den nächsten fünfzig Minuten
nicht anzusprechen.«

The Red-headed League

Im Frühjahr 1992 wurden die Nachrichtenmedien der ganzen
Welt von der Mitteilung in Aufregung versetzt, daß der Cosmic Background Explorer (COBE)-Satellit der NASA winzige
Variationen in der Temperatur der Mikrowellen-Hintergrundstrahlung beobachtet habe. Indem der COBE-Satellit die
Strahlung außerhalb der Erdatmosphäre beobachtete, ver-
mied er täuschende, durch atmosphärische Schwankungen
erzeugte Variationen, und er erreichte eine größere Genauigkeit als ein entsprechendes Experiment vom Boden aus. Er
ließ seinen Detektor ständig über den Himmel hin und her
wandern, mit einem Schwenkbereich von über zehn Grad
(zum Vergleich: der Vollmond entspricht einem halben Grad),
und bestimmte die Temperaturdifferenz der Photonen der
Mikrowellen-Hintergrundstrahlung, die uns aus diesen Richtungen erreichen. Was bedeuten die winzigen Temperatur-

abweichungen, und warum haben sie eine solche Aufregung verursacht? (Einige übertriebene Kommentare behaupteten sogar, die COBE-Daten seien die wichtigste wissenschaftliche Entdeckung aller Zeiten!)

Die Existenz solcher Strukturen wie Sterne und Planeten können wir mit Hilfe einfacher physikalischer Prinzipien verstehen. Bei Galaxien sind wir dagegen nicht mehr so sicher. Wir wissen nicht, ob eine ähnliche Strategie, nämlich die Feststellung der Kräfteverhältnisse zwischen verschiedenen Naturkräften, ausreichen wird, um zu erklären, warum Galaxien und Galaxienhaufen die Massen, Formen und Ausdehnungen haben, die wir beobachten. Höchstwahrscheinlich wird sie nicht reichen. Galaxien und Galaxienhaufen sind Inseln mit einer Materiedichte, die weit über die mittlere Dichte des Weltalls hinausgeht. Die durchschnittliche Dichte der Milchstraße ist zum Beispiel ungefähr eine Million mal so groß wie die des ganzen Universums. Daß solche Unregelmäßigkeiten existieren, ist nicht verwunderlich. Man braucht in eine vollkommen gleichmäßige Materieverteilung nur eine winzige Ungleichmäßigkeit einzuführen, und sie wird lawinenartig anwachsen. Jeder noch so geringfügige Überschuß an Materie wird eine verstärkte Gravitationsanziehung ausüben und auf Kosten stärker verdünnter Regionen weitere Materie anziehen, und dieser Vorgang schaukelt sich hoch.

Dieser als »gravitative Instabilität« bezeichnete Prozeß wurde vor dreihundert Jahren erstmals von Isaac Newton erkannt. Die Instabilität ist wirksam, unabhängig davon, ob das Universum expandiert oder nicht, wenngleich die Entstehung von Materieanhäufungen in einem expandierenden Universum länger dauert, da die Expansion das Material der Anhäufung auseinanderzieht. Die Anhäufungen werden jedoch mit zunehmendem Alter des Universums so dicht im Vergleich zum übrigen Universum, daß sie an der allgemeinen Expansionsbewegung nicht mehr teilnehmen (siehe Abbil-

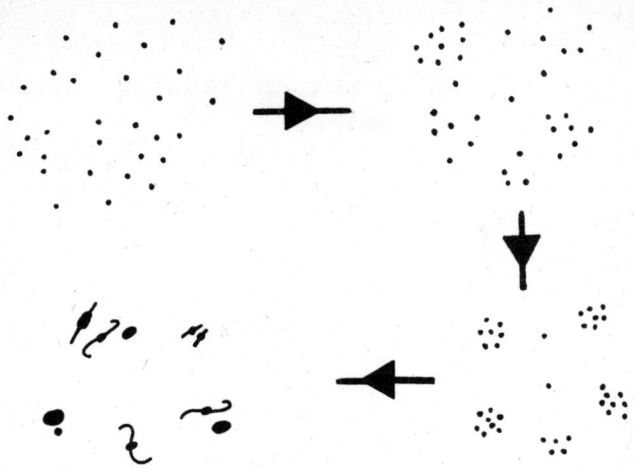

Abbildung 5.1: Der Prozeß der gravitativen Instabilität verwandelt eine geringfügig ungleichförmige Materieverteilung allmählich in eine zunehmend klumpige Verteilung.

dung 5.1). Sie werden zu stabilen Inseln von Materie, im Gleichgewicht zwischen ihrer nach innen gerichteten Eigengravitation und dem nach außen gerichteten Druck, der von den Bewegungen ihrer Bestandteile ausgeübt wird. Doch wenn wir die Bildung von Galaxien und Galaxienhaufen durch gravitative Instabilität erklären wollen, müssen wir verständlicherweise etwas über die bei Beginn der Expansion des Universums oder kurz danach herrschenden Bedingungen wissen. Welche Dichte diese Unregelmäßigkeiten bis zu einer bestimmten Zeit erreichen, hängt von der Dichte ab, mit der sie begonnen haben.

Aus astronomischen Beobachtungen der fernsten Galaxien und ihrer vermutlichen Vorläufer geht hervor, daß Verdichtungen, wie wir sie heute sehen, existierten, als das Universum erst ein Fünftel seiner gegenwärtigen Ausdehnung erreicht hatte. Was wir aber eigentlich erkunden müssen, ist das

Ausmaß der Verdichtungen, als das Universum erst rund eine Million Jahre alt war und erst ein Tausendstel seiner heutigen Ausdehnung erreicht hatte. Was der COBE-Satellit beobachtete, waren die Bedingungen zu dieser Zeit, in der die Verdichtungen noch nicht entfernt Galaxien oder Galaxienhaufen glichen. Was er an Informationen sammelte, war die fossile, in der kosmischen Verteilung der Mikrowellen festgehaltene und durch spätere Ereignisse nicht mehr veränderte Struktur. Jetzt werden die COBE-Daten nach und nach durch die Ergebnisse von hochempfindlichen bodengestützten Experimenten ergänzt.

Die Strahlung aus der heißen Frühphase des Universums kühlt sich, wie wir sahen, in dem Maße ab, wie es sich ausdehnt. Nach rund einer Million Jahre hat sich die Strahlung so weit abgekühlt, daß sich aus den Kernen und Elektronen Atome und Moleküle zu bilden beginnen. Vorher wären sie durch Zusammenstöße mit den energiereichen Photonen der allgegenwärtigen Strahlung sogleich wieder zerfallen. Von nun an können die Photonen ungehindert durch Raum und Zeit fliegen, befrachtet mit Informationen über die Bedingungen ihres Ursprungs, und zu der Mikrowellen-Hintergrundstrahlung werden, die wir heute beobachten. Dort, wo die Dichte ein wenig höher ist als im Mittel, wird die Temperatur der Strahlung ein wenig langsamer absinken als in verdünnteren Regionen. Das heißt, daß Schwankungen in der Temperatur der Mikrowellen-Hintergrundstrahlung uns heute eine Momentaufnahme von der Materieverteilung im Universum liefern, als es erst eine Million Jahre alt war, lange vor der Entstehung richtiger Galaxien.

Mit bodengestützten Detektoren haben die Kosmologen viele Jahre lang erfolglos nach diesen Schwankungen gesucht – der COBE-Satellit fand sie schließlich. Es waren sehr geringfügige Abweichungen von nur eins zu hunderttausend. Diese Zahl verrät uns, um wieviel die Inhomogenitäten durch gravitative Instabilität verstärkt werden müssen, damit sie hinreichend ausgeprägt werden, so daß sich die ersten Galaxien und Haufen bilden können, wenn das Universum Milliarden Jahre alt ist. Mit ihrer Hilfe können wir die Vorgänge im einzelnen rekonstruieren, die in der Zwischenzeit zur Bildung von Galaxien beitrugen. Daß diese Fluktuationen in der Hintergrundstrahlung entdeckt wurden, war sicherlich aufregend, doch die Kosmologen wurden davon eigentlich nicht überrascht. Überraschend wäre es gewesen, wenn man diese Fluktuationen nicht gefunden hätte, denn dann hätte man annehmen müssen, daß die Galaxienbildung nicht durch ursprüngliche Inhomogenitäten unterstützt wurde und folglich nicht auf dem einfachen Prozeß der gravitativen Instabilität beruhte.

Die Stärke dieser Fluktuationen verschafft uns zudem eine Möglichkeit, bestimmte Aspekte der Inflationshypothese zu überprüfen. Um das zu erkennen, müssen wir uns ein wenig näher mit dem Phänomen der Inflation befassen.

Bevor die Inflationshypothese eingeführt wurde, war die Frage der Bildung von Galaxien und Galaxienhaufen praktisch unlösbar. Man kannte kein Prinzip, aus dem abzuleiten war, wie Fluktuationen in der Dichte von Materie und Strahlung überhaupt zustande gekommen waren, wann sie entstanden waren und wie groß sie zum Zeitpunkt der Entkopplung von Materie und Strahlung waren. Man konnte lediglich die heutige Verteilung von Galaxien zeitlich zurückverfolgen und unter der Annahme, daß es zu einer gravitativen Instabilität gekommen war, die geringfügige Inhomogenität bestimmen, die es einmal gegeben haben mußte. Die Zufallsschwankungen, mit denen im Universum zu jeder Zeit gerechnet werden muß, waren leider viel zu schwach, um die Strukturen zu erzeugen, die wir heute beobachten.

Man erkannte rasch, daß die Inflationsidee eine neue Lösungsmöglichkeit bot. Wenn winzige Regionen eine Periode beschleunigter Expansion durchmachen, werden auch die Zufallsfluktuationen aufgebläht und werden zu Keimen von Inhomogenitäten bis hin zum Ausmaß unseres heute sichtbaren Universums und darüber hinaus. Die Stärke der Fluktuationen wird bestimmt von den repulsiven Materieformen (mit einem negativen D), die für die beschleunigte Expansion verantwortlich sind. Wenn man einen Kandidaten hat, der für diese Materieform in Frage kommt, kann man vorhersagen, wie stark die Fluktuationen zum Zeitpunkt der Inflation sein werden. Dies könnte uns in dem Bemühen, die Entstehung von Galaxien und Galaxienhaufen zu verstehen, einen großen Schritt voranbringen. Wir brauchen dafür nicht zu wissen, wie das Universum begonnen hat, doch wir müssen wissen, welcher Art die abstoßende Materie war, die die Inflation auslöste, weil die erzeugte Inhomogenität ganz entscheidend von ihrer Identität und von der Stärke ihrer Wechselwirkungen sowohl mit sich selbst als auch mit anderen, gewöhnlichen Materieformen abhängt. Unter der Voraussetzung, daß es eine Inflation gegeben hat, können wir der Stärke des COBE-Signals entnehmen, wie stark diese Wechselwirkungen waren. Zum Glück enthält das COBE-Signal zusätzliche Informationen, die nicht entscheidend von der Identität der abstoßenden Materie abhängen, welche die Inflation angetrieben hat.

Bei der kartographischen Darstellung der Verteilung von Galaxien und Galaxienhaufen im Universum fällt auf, daß der Grad der Verdichtung vom Maßstab der Darstellung abhängt. Je größer die von uns gewählten Bereiche des Universums sind, desto spärlicher wird der Grad der Verdichtung; wenn wir von Inhomogenitäten im Universum sprechen, müssen wir also den jeweiligen Beobachtungsmaßstab angeben. Diese Maßstabsabhängigkeit bezeichnet man als »spektralen Richtungskoeffizienten« der Inhomogenität. Er läßt sich durch Beobachtung bestimmen – entweder anhand der Dichteverteilung von Galaxien oder anhand der Temperaturdifferenzen der Mikrowellen-Hintergrundstrahlung in verschiedenen Winkelabständen.

Zu den angenehmen Dingen an der Inflationstheorie gehört es, daß sie vorhersagt, daß höchstwahrscheinlich ein bestimmter spektraler Richtungskoeffizient entstehen wird. Die relative Temperaturvariation – der zwischen zwei Richtungen am Himmel gemessene Temperaturunterschied geteilt durch die mittlere Himmelstemperatur – sollte sich nicht ändern, wenn der Winkelabstand zwischen diesen Richtungen vergrößert wird. Einen solchen spektralen Richtungskoeffizienten nennen wir »flach«.

Die COBE-Beobachtungen waren deshalb von grundlegender Bedeutung, weil sie definitive Beweise für die embryonalen Fluktuationen fanden, aus denen Galaxien und Galaxienhaufen entstanden. Für Kosmologen ist jedoch der interessanteste Aspekt, erfahren zu können, ob der spektrale Richtungskoeffizient der Fluktuationen mit den Vorhersagen der einfachsten Inflationstheorie übereinstimmt. Die Daten, die der COBE-Satellit in mehreren Beobachtungsphasen im Laufe einiger Jahre sammelte, sind Rohdaten, aus denen durch eine komplizierte Verarbeitung die bekannten Effekte der lokalen Umgebung – der Elektronik des Satelliten, des Mondes und der Erde usw. – herausgerechnet werden müssen. Die 1992 veröffentlichte Analyse der ersten Beobachtungen zeigt, daß der spektrale Richtungskoeffizient mit 70 Prozent Gewißheit zwischen −0,4 und +0,6 liegt. (Der flache spektrale Richtungskoeffizient betrüge Null.) Die Verarbeitung weiterer COBE-Beobachtungen und die erneute Analyse der ersten Daten mit Hilfe weiterer Computerprogramme ergab Anfang 1994, daß alle Daten sich mit einem spektralen Richtungskoeffizienten vereinbaren lassen, der mit 70 Prozent Gewißheit zwischen null und −1,1 liegt. Das Intervall, in dem der Richtungskoeffizient liegen kann, sollte durch eine weitergehende Analyse der Daten eingeengt werden. Sollten diese Daten dem Wert Null zustreben, wäre das eine bemerkenswerte Bestätigung der einfachsten Modelle eines inflationären Universums.

Um die Größe des spektralen Richtungskoeffizienten zu ermitteln, konnte der COBE-Satellit die Temperatur der Hintergrundstrahlung nur mit Winkelabständen von zehn Grad und mehr messen. Um kleinere Winkel abzutasten, bräuchte man eine sehr viel größere Versuchsanordnung, die ins All befördert werden kann. Derzeit werden von der Erde aus an verschiedenen Stellen hochpräzise Beobachtungen durchgeführt: in Owens Valley in Kalifornien, auf der Kanarischen Insel Teneriffa und am Südpol. (Vom Boden aus werden größere Winkelabstände nicht untersucht, weil die Erdatmosphäre bei diesen Abständen zu stark variiert und die Daten entsprechend verfälscht würden.) Das Teneriffa-Team berichtete im Januar 1994 von Temperaturfluktuationen bei Winkelabständen von mehr als vier Grad. Die Daten, die sich mit den COBE-Beobachtungen decken, zeigen einen spektralen Richtungskoeffizienten größer als −0,1.

Zusammenfassend läßt sich sagen: Die kurze Phase beschleunigter Expansion, die wir »Inflation« nennen, erzeugt zwangsläufig winzige Dichtevariationen von Ort zu Ort, Variationen, die einen bestimmten spektralen Richtungskoeffizienten aufweisen. Dieser spektrale Richtungskoeffizient prägt sich der Mikrowellen-Hintergrundstrahlung auf, und so können wir feststellen, ob der vom COBE-Satelliten beobachtete spektrale Richtungskoeffizient mit den Vorhersagen der Inflationstheorie übereinstimmt. Bislang tut er das. Wir haben somit eine Möglichkeit, physikalische Prozesse, die sich abgespielt haben könnten, als das Universum nur 10^{-35} Sekunden alt war, direkt zu beobachten. Wir sollten uns in dieser Hinsicht glücklich schätzen. Nichts spricht dafür, daß das Universum zu unserer Bequemlichkeit eingerichtet wurde. Wir fragen uns, ob wir jemals alle Naturgesetze finden werden oder ob wir so intelligent sind, die tiefsten mathematischen Strukturen, die diesen Gesetzen zugrunde liegen, aufzudecken. Aber angenommen, es gelänge uns, so wäre es doch ein bemerkenswerter Glücksfall, daß wir die Möglichkeit haben, diese Ideen experimentell nachzuprüfen. Weshalb sollte es irgendwelche Relikte von den ersten Momenten des Universums geben, anhand derer wir unsere Vorstellungen über das damalige Geschehen überprüfen können? Wichtige Fakten über die tiefe Struktur und die ferne Vergangenheit des Universums sind dünn gesät, doch erstaunlich ist nicht, daß es so wenige Relikte gibt, sondern daß es überhaupt welche gibt.

Wir haben jetzt eine gewisse Vorstellung von der Idee des inflationären Universums und dem, was an Beobachtungen aus ihr folgt. Dieses Bild von der Ausdehnung des Universums in seinen ersten Momenten fällt bislang aber noch unter die Rubrik der vielversprechenden Theorien. Die weitere Verarbeitung der Daten des COBE-Satelliten und ergänzender bodengestützter Experimente wird zeigen, ob die Vorhersagen der Theorie mit den Variationen in der kosmischen Hintergrundstrahlung übereinstimmen oder nicht. Aber nehmen wir als optimistische Theoretiker einmal an, daß die Inflationstheorie der richtige Ansatz in der Kosmologie ist, und verfolgen wir diesen Ansatz weiter, bis er durch Beobachtungen widerlegt wird. Was ergibt sich aus der Inflation für unser Bild vom Anfang des Universums?

Zunächst sollten wir uns in Erinnerung rufen, daß die Voraussetzung der Inflation – das Vorhandensein von Materieformen mit negativem D – genau das *Gegenteil* dessen ist, was in den Singularitätstheoremen von Penrose, Hawking, Geroch und Ellis angenommen wird. In einem sich aufblähenden Universum gelten diese Singularitätstheoreme einfach nicht, und wir können bezüglich eines Anfangs des Universums keinerlei Schlußfolgerungen ziehen. Es ist denkbar, daß es einen singulären Anfang gegeben hat, es ist aber auch das Gegenteil denkbar. Doch trotz dieses Faktors der Ungewißheit kann die Inflation unsere Konzeption vom Universum auf ganz bemerkenswerte Weise erweitern.

Als vom Beginn der Inflation die Rede war, unterstellten wir, daß sie überall im Universum gleich abläuft. In Wirklichkeit wird der Prozeß von einem Ort zum anderen ein wenig anders verlaufen sein. Angenommen, das Universum war im vorinflationären Stadium in Regionen gegliedert, die klein genug waren, daß Licht sie bis zum Beginn der Inflation durchquert haben konnte. In jeder dieser Regionen werden Temperatur und Dichte geringfügig (aufgrund zufälliger Fluktuationen) oder gar dramatisch (aufgrund unterschiedlicher Anfangszustände) differieren, mit dem Ergebnis, daß die Inflationsphase von unterschiedlicher Dauer sein wird. Der eine oder andere mikroskopische Bereich könnte sich enorm aufblähen und am Ende eine Ausdehnung von mindestens fünfzehn Milliarden Lichtjahren erreichen, während in anderen praktisch überhaupt keine Inflation stattfindet (siehe Abbildung 5.2).

Wir können uns einen chaotisch zufälligen Anfangszustand für das Universum vorstellen, für ein Universum, das sogar von unendlicher Ausdehnung sein könnte. In einigen Regionen des Weltraums werden die Bedingungen eine Inflation in dem Ausmaß erlauben, das nötig ist, um ein sichtbares Universum von der Größe zu erzeugen, wie wir es heute beobachten. In anderen wird das nicht der Fall sein. Könnten wir über den Horizont unseres sichtbaren Teils des Universums hinausblicken, würden wir schließlich auf einige dieser anderen aufgeblähten Bereiche treffen. Sie könnten, was Dichte und Temperatur betrifft, sehr von unserem Bereich abweichen. Untersucht man gewisse Modelle eines inflationären Universums unter diesem Aspekt, so zeigt sich, daß es sogar noch radikalere Unterschiede geben kann; die Anzahl der

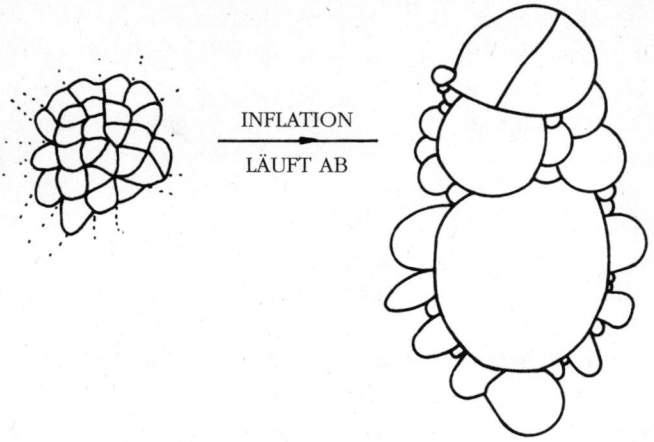

INFLATION
LÄUFT AB

Abbildung 5.2: Chaotische Inflation. Winzige Regionen des sehr frühen Universums erfahren eine Inflation unterschiedlichen Ausmaßes. Nur jene Regionen, die sich hinreichend aufblähen, um mindestens neun Milliarden Lichtjahre große Universen hervorzubringen, werden Sterne, Kohlenstoff und lebende Beobachter hervorbringen.

räumlichen Dimensionen kann zum Beispiel von einem Teil des Universums zum anderen verschieden sein.

Dieses Modell eines chaotischen inflationären Universums wurde 1983 von dem sowjetischen Physiker Andrej Linde vorgeschlagen. Es führt in die Erforschung des Universums eine neue Überlegung ein. Wir erklärten bereits, daß die große Ausdehnung und das große Alter unseres sichtbaren Universums kein Zufall sind, sondern notwendige Bedingung für die Existenz biochemischer Komplexität jener Art, die wir Leben nennen. Von allen mikroskopischen Bereichen, die eine Inflation unterschiedlichen Ausmaßes durchmachen, werden nur diejenigen, die sich hinreichend aufblähen, um eine Größe von Milliarden von Lichtjahren zu erreichen, Sterne hervorbringen – und damit die schweren Elemente, die für biochemische Komplexität erforderlich sind. Wir können aus dieser Einsicht eine wichtige Lehre ziehen. Auch wenn es höchst unwahrscheinlich ist, daß irgendein Bereich eine so starke Inflation durchmacht, können wir dieses Szenario nicht ausschließen, weil wir nur in einem derart unwahrscheinlich großen Bereich leben können. Außerdem müssen, sofern das Universum selbst von unendlicher Ausdehnung ist, alle möglichen Bereiche existieren, darunter auch solche, die sich hinreichend aufblähen, um eine Region wie unser sichtbares Universum hervorzubringen.

Dieses Bild einer chaotischen Inflation hatte, wie Linde erkannte, eine weitere unerwartete Eigenschaft. Einige sich aufblähende Bereiche erzeugen interne Zufallsfluktuationen, die es ermöglichen, daß Teilregionen von ihnen sich aufblähen, die ihrerseits Teilregionen erzeugen, die sich aufblähen können, und so weiter ad infinitum. Hat die Inflation erst einmal eingesetzt, scheint sie sich selbst verewigen zu können. Jenseits unseres Horizonts muß es Regionen geben, die noch immer eine Inflation durchmachen. Dieser ewige Inflationsprozeß könnte möglicherweise keinen Anfang gehabt haben, aber das ist noch ungeklärt (siehe Abbildung 5.3).

Diese beiden Szenarien einer chaotischen und einer ewigen Inflation zeigen, wie die Idee eines inflationären Universums unsere Konzeption von Raum und Zeit erweitert. Sie lassen vermuten, daß das Universum unendlich viel komplizierter ist als der kleine Teil von ihm, den wir »das sichtbare Universum« nennen. Vor Einführung der Inflationstheorie wurden derartige Möglichkeiten nur als metaphysische Spekulationen diskutiert. Das Inflationsmodell, gestützt auf eindeutige teilchenphysikalische Modelle, verwandelt diese metaphysischen Konstrukte in mögliche Konsequenzen durchaus einsichtiger Bedingungen im frühen Universum. Bevor die Inflation vorgeschlagen wurde, erschien uns die Annahme, daß das sichtbare Universum im großen und ganzen dem Rest des Universums ähnelt, höchst plausibel. Das gilt jetzt nicht mehr.

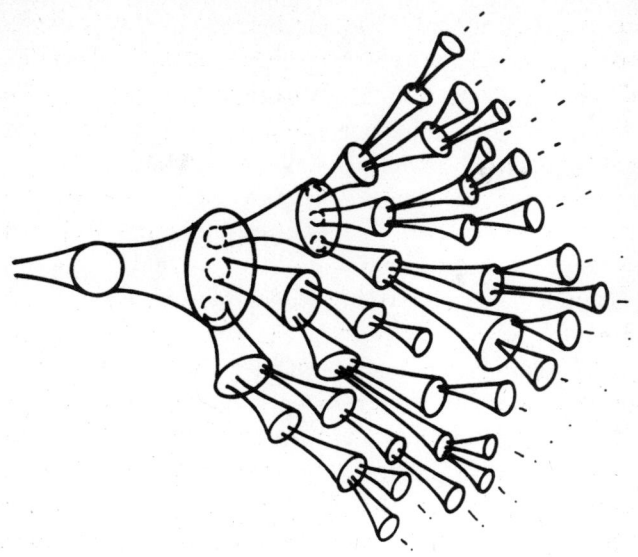

Abbildung 5.3: Ewige Inflation. Jede sich aufblähende Region schafft für Teilregionen von sich die Bedingungen, sich ihrerseits aufzublähen, und so weiter ad infinitum.

Die faszinierenden Möglichkeiten, die uns die inflationäre Kosmologie bietet, sind allerdings mit einer Ungewißheit behaftet. Wir können viele der Eigenschaften des sichtbaren Universums mit der Inflation erklären, ohne wissen zu müssen, wie das Universum selbst angefangen hat. Das ist eine gar nicht zu unterschätzende Eigenschaft: Wir können die Gegenwart vorhersagen, ohne alles über die Vergangenheit wissen zu müssen. Das hat aber auch seine Kehrseite, dieselbe Kehrseite, auf die am Ende von Kapitel 1 hingewiesen wurde. Wenn die Gegenwart nicht entscheidend von den Details der Anfänge des Universums abhängt, können wir aus der Beobachtung des heutigen Universums keine Schlußfolgerungen bezüglich dieser Details ableiten. Die Inflation macht reinen Tisch.

Doch was ist, wenn es nie eine Inflation gegeben hat? Anders gesagt: Was ist, wenn wir die vorinflationäre Geschichte nur eines dieser sich aufblähenden Bereiche betrachten, die wir eben beschrieben haben? Was würden wir finden, wenn wir ihn zeitlich zurückverfolgen? Natürlich ist es immer noch denkbar, daß wir auf eine Singularität von unendlicher Dichte und Temperatur stoßen. Es gibt aber mindestens vier ganz verschiedene Möglichkeiten, die allesamt im Einklang stehen mit allem, was wir über das Universum wissen (siehe Abbildung 5.4).

1. Statt als ein Zustand von unendlicher Dichte zu beginnen, entsteht das Universum von Raum, Zeit und Materie mit einer endlichen Dichte und setzt sich dann in einem Zustand der Expansion fort.

2. Das Universum »springt« aus einem Zustand maximaler, aber endlicher Kontraktion in einen Zustand der Expansion.

3. Das Universum geht aus einem statischen Zustand, in dem es seit einer Ewigkeit verharrt hat, plötzlich zur Expansion über.

4. Das Universum wird, je weiter man in die Vergangenheit zurückgeht, immer kleiner, ohne jemals einen Zustand der Größe Null zu erreichen. Es hat keinen Anfang.

Weshalb ist unser Wissen so ungesichert? Warum ist es so schwer, unsere Theorien bis zu jenem letzten Sekundenbruchteil zu extrapolieren, um zu entscheiden, ob sie zu einem eindeutigen Anfang führen oder nicht? Wir haben oben einige wesentliche Stadien der Geschichte der universalen Expansion beleuchtet. Nach einer Sekunde haben sich die Bedingungen so weit abgekühlt, daß sie durch die terrestrische Physik beschrieben werden können, und es sind von dieser Zeit direkte Zeugnisse übriggeblieben, an denen wir unsere Rekonstruktion überprüfen können. Wenn wir bis auf

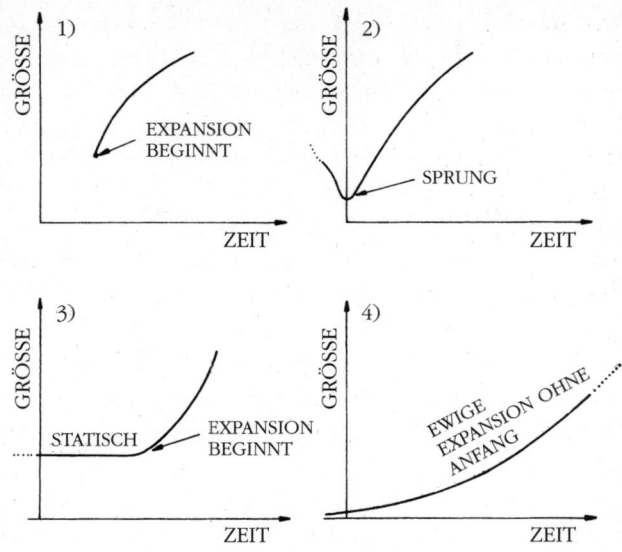

Abbildung 5.4: Einige hypothetische Anfänge der Expansion des Universums.

10^{-11} Sekunden nach Beginn der Inflation zurückgehen, stoßen wir auf Bedingungen, wie sie heute in den größten Teilchenbeschleunigern auf der Erde bestehen. Wenn wir über diesen Zeitpunkt hinausgehen, verlassen wir den Bereich der Bedingungen, die sich teilweise auf der Erde simulieren lassen. Außerdem ist unser Wissen über die bei solchen Energien geltenden Naturgesetze ungesichert. Wir arbeiten nämlich noch immer an einer korrekten und vollständigen Theorie der Elementarteilchen, der sie bestimmenden Kräfte und ihrer Auswirkungen auf den Verlauf der Expansion des Universums. Diese ganze Studie beruht auf der Annahme, daß Einsteins Gravitationstheorie die Expansion des Universums im ganzen richtig beschreibt. Zwar hat sie alle Prüfungen, denen sie in Form von Beobachtungen unterworfen wurde, mit beeindruckendem Erfolg bestanden, doch wird sie nicht bis hin zum Beginn der Expansion ihre Gültigkeit behalten. So wie Newtons Beschreibung der Schwerkraft angesichts von Bewegungen mit annähernder Lichtgeschwindigkeit und sehr starken Gravitationsfeldern versagte, so rechnen wir auch damit, auf ein Regime zu stoßen, in dem Einsteins schöne Theorie letztlich versagt. Es ist das Regime, auf das wir stoßen, wenn wir in die ersten 10^{-43} Sekunden der Expansion vorzudringen versuchen. Bei dieser sogenannten »Planck-Zeit« ist das gesamte Universum von Quantenunschärfe dominiert und vollständig nur zu beschreiben, wenn wir die Gravitation mit den anderen drei Naturkräften zu einer allumfassenden »Theorie von allem« vereinigen können. Um entscheiden zu können, ob das Universum in irgendeinem Sinne einen Anfang hatte, müssen wir wissen, wie sich die Schwerkraft in dieser Phase verhält. In diesem Verhalten schlagen sich die Eigentümlichkeiten der Quantenaspekte der Materie nieder.

Was für eine verrückte Sache die Planck-Zeit ist, läßt sich ermessen, wenn wir uns näher mit dem Quantenbild der subatomaren Welt befassen, einem Bild, das in den letzten siebzig Jahren bis in letzte Details ausgebaut wurde. Es ist der exakteste Teilbereich der Physik, und all die technischen Wunderdinge, die uns umgeben, vom Computer bis zum CAT-Scanner, bauen auf der Quantenmechanik auf. Wenn wir sehr kleine Dinge zu beobachten versuchen, wird schon der Akt der Beobachtung den Zustand, den wir zu messen versuchen, erheblich stören. Es gibt daher eine fundamentale Grenze für die Genauigkeit, mit der der Ort und die Bewegung eines Objekts gleichzeitig gemessen werden können. In der subatomaren Welt können wir Ergebnisse von Messungen und sonstigen Wechselwirkungen nicht eindeutig vorhersagen – nur die *Wahrscheinlichkeiten*, bestimmte Ergebnisse zu beobachten. Oft wird dieser Sachverhalt durch den Hinweis charakterisiert, daß Materie und Licht, die wir als winzige Teilchen aufzufassen pflegen, unter bestimmten Umständen die Eigenschaften von Wellen zeigen. Man kann diese »Teilchenwellen« eher mit Gefühlswellen als mit Wasserwellen vergleichen – das heißt, es sind Wellen der Information. Wenn eine Gefühlswelle durch Ihre nächste Umgebung wogt, heißt das, daß dort die Wahrscheinlichkeit größer ist, gefühlsbetontes Verhalten anzutreffen. Wenn eine Elektronenwelle in Ihren Detektor gelangt, heißt das, daß dort die Wahrscheinlichkeit größer ist, ein Elektron anzutreffen. Die Quantenmechanik beschreibt das Wellenverhalten jedes Materieteilchens und damit die Wahrscheinlichkeit, daß die eine oder andere Eigenschaft entdeckt wird.

Jedes Materieteilchen hat eine mit seinem wellenartigen Quantenaspekt verknüpfte charakteristische Wellenlänge. Diese Wellenlänge ist der Masse des Objekts umgekehrt proportional. Bei großen Objekten, wie Sie und ich es sind, ist die Quantenwellenlänge sehr, sehr klein, und wenn wir eine Straße überqueren wollen, können wir die wellenartigen Unschärfeaspekte in der Position eines Autors getrost vernachlässigen.*

Angenommen, wir wenden diese Überlegungen auf das sichtbare Universum an. Heute ist es ungeheuer viel größer als seine Quantenwellenlänge, und wir können bei der Beschreibung seiner Struktur die winzigen Effekte der Quantenunschärfe vernachlässigen. Je weiter wir jedoch in der Zeit zurückgehen, desto kleiner wird die Größe des sichtbaren Universums, denn diese Größe beim Alter des Universums

* Die amüsanten Abenteuer von Mr. Tompkins, mit deren Hilfe George Gamow dem Laien die Ideen der Physik erläuterte, beschreiben sehr hübsch, wie die Welt aussehen würde, wenn die Quantenwellenlängen von Objekten ihrer tatsächlichen Größe entsprächen. Für Mr. Tompkins wird das Billardspiel zu einem entnervenden Erlebnis. [Siehe George Gamow, *Mr. Tompkins' seltsame Reisen durch Kosmos und Mikrokosmos*, Braunschweig 1980.]

T ist gleich der Lichtgeschwindigkeit, multipliziert mit *T*. Die Planck-Zeit 10^{-43} Sekunden ist signifikant, denn wenn wir diese sehr frühe Zeit erreichen, wird die Größe des sichtbaren Universums kleiner als seine Quantenwellenlänge, und sie ist daher in Quantenunschärfe gehüllt. Wenn alles von Quantenunschärfe umhüllt ist, kennen wir keinerlei Positionen von irgend etwas, wir können noch nicht einmal die Geometrie des Raums bestimmen. Dies ist der Punkt, an dem Einsteins Gravitationstheorie versagt.

Diese Situation hat Kosmologen zu dem Versuch inspiriert, eine neue Gravitationstheorie aufzustellen, in der die Quantenaspekte der Gravitation vollständig berücksichtigt sind, und mit ihrer Hilfe mögliche Quantenuniversen zu finden. Wir werden uns mit einigen der Thesen, die sich aus diesen kühnen Untersuchungen ergeben haben, näher befassen. Sie behaupten nicht, das »letzte Wort« zu sein – vielleicht sind sie nur ein Bruchteil davon –, aber zweifellos wird das »letzte Wort« mit unseren liebgewordenen kosmologischen Vorstellungen mindestens ebenso radikal umspringen.

In den Darstellungen möglicher Anfänge der Expansion des sichtbaren Universums (Abbildung 5.4) zeigten wir, was mit der Größe des Universums passieren könnte, wenn wir sie zeitlich zurückverfolgen. In einigen Optionen haben Zeit und Raum und alles andere einen scheinbaren Anfang bei einer Singularität. In anderen haben Raum und Zeit schon immer existiert. Es gibt aber eine noch raffiniertere Möglichkeit. Stellen Sie sich vor, daß das Wesen der Zeit selbst sich ändern würde, wenn wir sie bis zur Planck-Zeit zurückverfolgen. Die Frage nach dem Anfang des Universums wäre dann aufs engste verknüpft mit der Frage nach dem Wesen der Zeit selbst.

Zeit – eine noch kürzere Geschichte

»Bruder Mycroft kommt vorbei.«

The Bruce-Partington Plans

Das wahre Wesen der Zeit gibt den Menschen seit langem ein Rätsel auf. Seit Jahrtausenden haben sich Denker zahlreicher Kulturen damit befaßt. Es ist dieses: Soll man sich die Zeit als eine unwandelbare und transzendente Bühne vorstellen, auf der sich Ereignisse abspielen, oder als die Ereignisse selbst, so daß es ohne Ereignisse keine Zeit gäbe? Die Unterscheidung ist für uns bedeutsam, denn im ersten Fall müssen wir sagen, daß das Universum *in* der Zeit entstanden ist, während wir im letzteren Fall sagen würden, daß die Zeit zusammen mit dem Universum entstanden ist. In diesem Fall gab es kein »Vorher« vor dem Anfang des Universums, denn es war einmal, daß es keine Zeit gab.

In unserer Alltagserfahrung wird die Zeit am Ablauf von natürlichen Ereignissen gemessen, seien es die Schwingungen eines Pendels im Gravitationsfeld der Erde, sei es der Schatten, den die Sonne auf eine Sonnenuhr wirft, während die Erde sich dreht, seien es die Schwingungen eines Cäsiumatoms. Wir können nicht sagen, was die Zeit »ist«, sondern nur, wie wir sie messen. Die Zeit wird oft danach definiert, wie die Dinge sich ändern. Wenn das die richtige Art wäre, die Zeit zu definieren, könnten wir damit rechnen, daß mit dem Wesen der Zeit recht ungewöhnliche Dinge passieren, wenn wir auf die außergewöhnlichen Bedingungen stoßen, die in den ersten Momenten nach dem Urknall herrschten.

Isaac Newton verlieh der Zeit mit seinem Weltbild des 17. Jahrhunderts einen transzendentalen Status. Die Zeit floß unaufhaltsam und gleichförmig dahin, gänzlich unbeeinflußt von den Ereignissen und Inhalten des Universums. Einstein hatte von der Zeit ein völlig anderes Bild. Die Geometrie des Raums und die Fließgeschwindigkeit der Zeit hingen beide vom materiellen Inhalt des Universums ab. Für Einstein beruhte das Wesen des Raumes wie der Zeit auf seiner Prämisse, daß es keinen privilegierten Standpunkt im Universum gibt. Wo auch immer Sie sind und wie Sie sich auch bewegen mögen – aus den Versuchen, die Sie durchführen, sollten Sie stets dieselben Gesetze der Physik herleiten.

Aus dieser demokratischen Behandlung aller Beobachter in Einsteins Allgemeiner Relativitätstheorie folgt, daß es kein bevorzugtes Verfahren der Zeitmessung im Universum gibt. Ein absolutes Phänomen namens »Zeit« hat noch niemand gemessen; was man mißt, ist die Rate einer physikalischen Änderung im Universum. Das kann das Rinnen des Sandes in einer Eieruhr, das Vorrücken der Zeiger auf einem Uhrzifferblatt oder das Tropfen eines Wasserhahns sein. Es gibt unzählige sich verändernde Phänomene, mit deren Hilfe man das Vergehen der Zeit definieren könnte. Im kosmischen Maßstab könnten zum Beispiel Beobachter im ganzen Universum die sinkende Temperatur der Hintergrundstrahlung zum Zeitmessen benutzen. Es gibt offenbar kein bestimmtes Maß der Veränderung, das fundamentaler wäre als andere.

Man kann sich ein ganzes Universum von Raum und Zeit

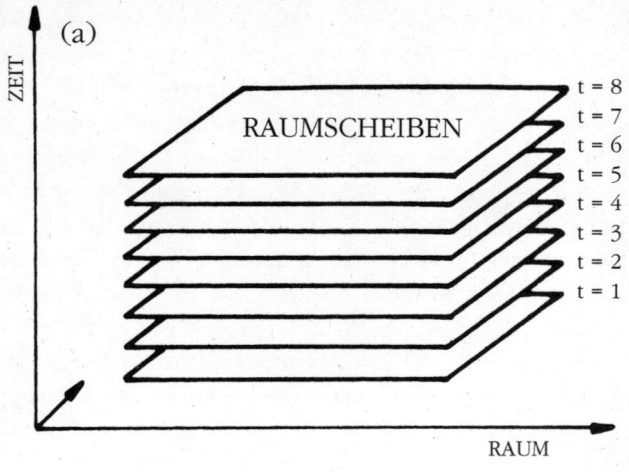

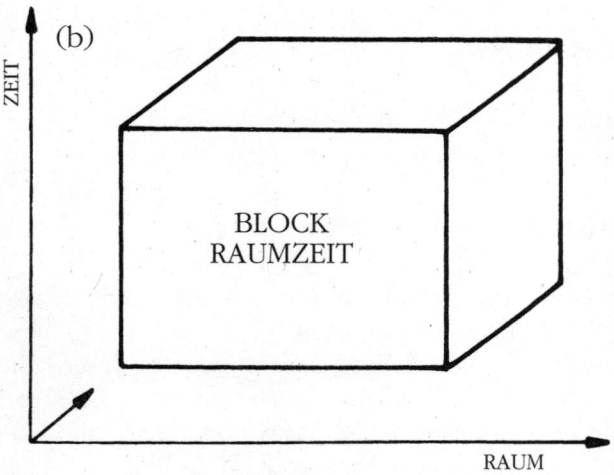

Abbildung 6.1: (a) Ein Stapel Raumscheiben zu unterschiedlichen Zeiten, hier gekennzeichnet mit $t = 1$ bis $t = 8$; (b) ein Block Raumzeit, der sich aus allen Raumscheiben zusammensetzt. Dieser Block könnte auf viele unterschiedliche Weisen aufgeschnitten werden, die sich von der in (a) gewählten Art unterscheiden.

– eine »Raumzeit« in Einsteins Theorie – sehr gut als einen Stapel von Raumscheiben veranschaulichen (stellen Sie sich der Anschaulichkeit halber vor, daß der Raum statt drei nur zwei Dimensionen hat), wobei jede Scheibe den ganzen Raum zu einer bestimmten Zeit repräsentiert. Die Zeit ist lediglich ein Etikett zur Kennzeichnung der einzelnen Raumscheiben in dem Stapel (wie in Abbildung 6.1). Offensichtlich kann der Stapel Raumzeit auf viele unterschiedliche Weisen – also unter verschiedenen Winkeln – aufgeschnitten werden. Bei jeder Art des Aufschneidens erhalten wir eine andere Definition der Zeit. Doch gleichgültig, wie wir die Zeit aufschneiden, das Amalgam der Raumzeit bleibt davon unberührt, so daß der Raumzeit-Stapel als eine fundamentalere Entität zu betrachten ist als Raum oder Zeit für sich.

In Einsteins Beschreibung von Raum und Zeit ist die Form der Raumzeit von der in ihr enthaltenen Materie und Energie abhängig. Die Zeit kann demnach durch eine geometrische Eigenschaft, wie die Krümmung der einzelnen Scheibe, definiert werden – und damit durch die Dichte und Verteilung der Materie in der Scheibe, denn das bestimmt ihre Krümmung. (Abbildung 6.2 zeigt eine einfache Illustration.) Somit sehen wir eine gewisse Möglichkeit, die Zeit einschließlich ihres Anfangs und ihres Endes mit einer Eigenschaft des Inhalts des Universums zu verknüpfen.

Die Allgemeine Relativitätstheorie hat zwar diese Spitzfindigkeit eingeführt, was das Wesen der Zeit betrifft, aber sie sagt nichts über den Anfang des Universums. Unser Raumzeit-Stapel hat stets eine erste Scheibe, die bestimmt, wie die anderen darüber aussehen werden.

In der Quantentheorie ist das Wesen der Zeit noch rätselhafter. Wird sie operational durch andere Eigenschaften des Universums definiert, so unterliegt die Definition indirekt den Beschränkungen, die unserer Kenntnis dieser Eigenschaften durch die Quantenunschärfe auferlegt sind. Jeder Versuch

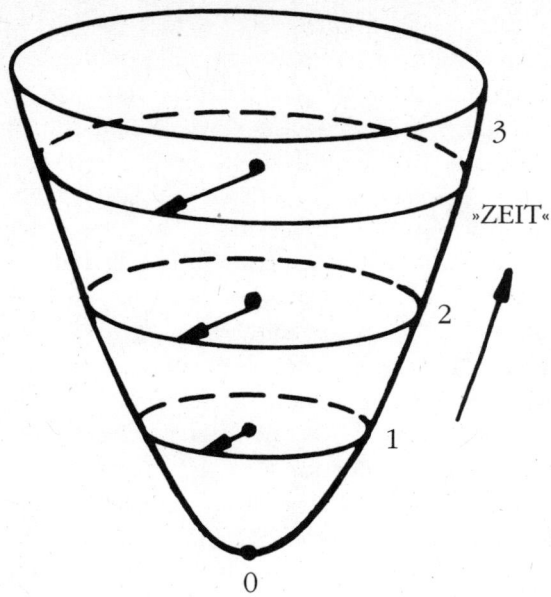

Abbildung 6.2: Diese kuppelförmige Raumzeit besteht aus einem Stapel kreisrunder Scheiben von zunehmendem Radius. Jeder Scheibe läßt sich eine »Zeit« zuordnen, die durch den Radius der Scheibe gegeben ist, so daß diese geometrische »Zeit« zunimmt, wenn wir die Kuppelfläche von 0 nach 3 durchlaufen.

einer quantentheoretischen Beschreibung des Universums wird ganz ungewöhnliche Folgen für unsere Vorstellungen von der Zeit haben. Die ungewöhnlichste war bisher die Behauptung, eine Quantenkosmologie lasse eine Beschreibung eines aus dem Nichts geschaffenen Universums zu.

Einfache kosmologische Modelle, die die Quantennatur der Realität nicht berücksichtigen, können zu einem Zeitpunkt beginnen, der durch bestimmte Uhren definiert ist. Die Anfangsbedingungen, die das zukünftige Verhalten des Universums diktieren, müssen bei diesem Beginn vorgeschrieben sein. Man hat mit Hilfe dieser Modelle den gegenwärtigen Zustand des Universums beschrieben, da der Effekt der Quantenmechanik auf das Universum heute geringfügig ist. Um diese Modelle aber auch in der Nähe der Planck-Zeit verwenden zu können, müssen wir wissen, wie die Einbeziehung von Quanteneffekten sich auf die Beschreibung der Zeit auswirkt.

In der Quantenkosmologie tritt die Zeit nicht explizit auf. Sie ist ein Konstrukt der materiellen Inhalte des Universums und ihrer Konfigurationen. Da unsere Gleichungen uns etwas darüber sagen, wie diese Konfigurationen sich ändern, wenn wir von einer Raumscheibe zur anderen gelangen, ist so etwas wie die »Zeit« überflüssig. Die Situation ist nicht viel anders als bei einer Pendeluhr. Die Uhrzeiger geben nur an, wie viele Schwingungen das Pendel macht. Der Begriff »Zeit« braucht, wenn wir es nicht wollen, gar nicht erwähnt zu werden. Auch im kosmologischen Kontext unterscheiden wir zwischen den Scheiben unseres Raumzeit-Stapels aufgrund der Materiekonfiguration, die die einzelne Scheibe prägt. Von der Quantentheorie erhalten wir über diese Materiekonfiguration jedoch nur *statistische* Aussagen. Wenn wir etwas messen, finden wir, daß es sich in einem von einer unendlichen Menge möglicher Zustände befindet. Die Quantenmechanik gibt uns lediglich die Wahrscheinlichkeit dafür an, daß wir es in einem dieser Zustände antreffen. Die Aussage über diese Wahrscheinlichkeiten ist in einem mathematischen Gebilde enthalten, das man als die »Wellenfunktion des Universums« bezeichnet. Wir wollen sie einfach W nennen.

Gegenwärtig glauben Kosmologen zu wissen, wie sie die Form von W finden können. Das könnte sich als eine Sackgasse oder gar als eine maßlose Vereinfachung entpuppen. Wir sind optimistischer und hoffen, daß es zumindest auf eine neue und bessere Näherung an die Wahrheit hindeuten könnte. Der vorgeschlagene Weg macht sich eine Gleichung zunutze, die von den amerikanischen Physikern John A. Wheeler und Bryce DeWitt gefunden wurde. Die Wheeler-De-

Witt-Gleichung ist eine Erweiterung der berühmten Schrödinger-Gleichung für die Wellenfunktion der gewöhnlichen Quantenmechanik, die auch die Eigenschaften des gekrümmten Raums der Allgemeinen Relativitätstheorie berücksichtigt. Würden wir die gegenwärtige Form von W kennen, würde uns die Gleichung die Wahrscheinlichkeit bestimmter großräumiger Eigenschaften des sichtbaren Universums angeben. Man hofft, daß die Wahrscheinlichkeit für bestimmte große, expandierende Konfigurationen von Materie und Strahlung sehr groß ist, ähnlich wie die großen Dinge unseres Alltags trotz der mikroskopischen Unschärfen der Quantenmechanik bestimmte Eigenschaften haben. Sollten die wahrscheinlichsten Werte mit den von Astronomen beobachteten Tatsachen wirklich übereinstimmen (indem sie zum Beispiel bestimmte Dichteverteilungen von Galaxien oder bestimmte Temperaturvariationen in der Mikrowellen-Hintergrundstrahlung vorhersagen), dann sähen viele Kosmologen darin eine Bestätigung dafür, daß unser Universum von allen möglichen Universen eines der »wahrscheinlichsten« war. Damit wir jedoch die Wheeler-DeWitt-Gleichung benutzen können, um W für das kühle und von geringer Dichte gekennzeichnete Universum zu finden, das wir heute beobachten, müssen wir W zu dem Zeitpunkt kennen, als das Universum von maximaler Dichte und Temperatur war, das heißt an seinem »Anfang«.

Zur Untersuchung von W und zum Umgang mit W eignet sich am besten die Übergangsfunktion, die uns die Wahrscheinlichkeit dafür angibt, daß im Zustand des Universums bestimmte Veränderungen eitnreten. Wir bezeichnen sie mit T, so daß

$$T[x_1 \cdot t_1 \,-\!\!> x_2 \cdot t_2]$$

die Wahrscheinlichkeit dafür angibt, daß das Universum zur Zeit t_2 in einem Zustand x_2 anzutreffen ist, wenn es zu einer früheren Zeit t_1 in einem Zustand x_1 war, wobei die »Zeiten«

durch irgendeine Eigenschaft des Zustands des Universums beschrieben werden, zum Beispiel durch die mittlere Dichte.

In der klassischen (Nichtquanten-)Physik schreiben die Naturgesetze vor, daß aus einem bestimmten früheren Zustand ein bestimmter zukünftiger Zustand hervorgeht; von Wahrscheinlichkeiten ist keine Rede. Wie uns jedoch der amerikanische Physiker Richard Feynman gelehrt hat, ist ein zukünftiger Zustand in der Quantenphysik nur durch einen geeigneten Mittelwert aller möglichen Pfade durch Raum und Zeit bestimmt, welche die Geschichte hätte einschlagen können. Einer dieser Pfade könnte derjenige sein, den die klassischen Naturgesetze vorgeschrieben haben. Wir nennen ihn den »klassischen Pfad«. In manchen Situationen hat die Quantenbeschreibung eine Übergangsfunktion, die weitgehend durch diesen klassischen Pfad bestimmt ist, während die anderen Pfade einander aufheben, wie Berge und Täler von Wellen, die nicht in Phase sind (siehe Abbildung 6.3).

Es ist eine grundlegende Frage, ob aus allen möglichen Anfangszuständen eines Quantenuniversums bei sehr hoher Dichte ein Universum wie das unsere hervorgehen kann. Unser Universum ist eines mit geringen Quantenunschärfen, und in der Alltagserfahrung erleben wir zweifelsfrei, daß die »Zeit« fließt. Die Voraussetzungen für ein Universum wie das unsere – eines, das die Existenz von lebenden Beobachtern zuläßt – könnten sich als sehr einschränkend erweisen und unser Universum unter allen möglichen als sehr ungewöhnlich kennzeichnen.

Konkret hängt W von der Konfiguration der gesamten Materie und Energie des Universums in einer bestimmten Raumscheibe des Raumzeit-Stapels und von inneren Eigenschaften der Scheibe (etwa ihrer Krümmung) ab, die durch Benennung der Scheibe innerhalb des Stapels die entsprechende »Zeit« eindeutig beschreiben. Die Wheeler-DeWitt-Gleichung sagt uns dann, wie die Wellenfunktion für einen Wert dieser

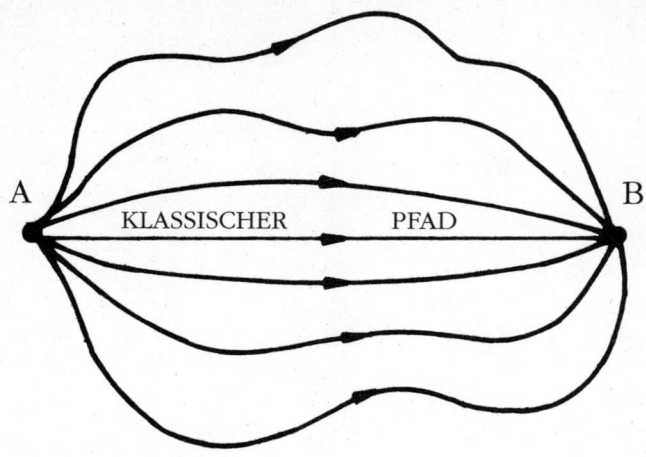

Abbildung 6.3: Mögliche Pfade zwischen A und B: Die Newtonschen Bewegungsgesetze schreiben vor, daß der »klassische Pfad« gewählt wird. Die Quantenmechanik gibt eine Wahrscheinlichkeit für den Übergang von A nach B an, die ein Mittelwert über alle möglichen Pfade von A nach B ist, von denen einige hier angedeutet sind.

intern definierten Zeit mit der Wellenfunktion für einen anderen Wert zusammenhängt. In der Nähe des klassischen Pfades lassen sich diese Entwicklungen der Wellenfunktion als geringfügige Modifikationen der gewöhnlichen klassischen Physik deuten. Wenn der wahrscheinlichste Pfad jedoch weit vom klassischen entfernt ist, wird es immer schwieriger, die Quantenentwicklung als eine »in« der Zeit stattfindende plausibel zu erklären; die Raumscheiben, die uns die Wheeler-De-Witt-Gleichung liefert, stapeln sich dann nicht zu etwas, das einer Raumzeit ähnelt. Dennoch lassen sich die Übergangsfunktionen finden, die uns die Wahrscheinlichkeiten dafür angeben, daß das Universum von einem Zustand in einen anderen übergeht. Die Frage nach den Anfangsbedingungen der Wellenfunktion wird dadurch zum Quantenanalogon der Suche nach dem Anfang des Universums.

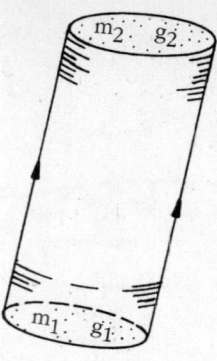

Abbildung 6.4: Einige Bahnen von Raumzeiten, deren Grenzflächen aus zwei dreidimensionalen Räumen mit der Krümmung g_1 bzw. g_2 bestehen und die Materie in den Konfigurationen m_1 bzw. m_2 enthalten. Die Grenzflächen sind hier als zweidimensionale Enden eines dreidimensionalen Zylinders dargestellt.

Die Übergangsfunktion gibt uns die Wahrscheinlichkeit dafür an, daß das Universum von einer geometrischen Materiekonfiguration zu einer anderen übergeht. Diese Entwicklung von einer Konfiguration zur anderen zeigt Abbildung 6.4.

Wir können uns Universen vorstellen, die mit einem einzelnen Punkt beginnen und nicht mit einer anfänglichen Raumscheibe. Ihre Entwicklung hat eine konische und nicht eine zylindrische Form (wie es in Abbildung 6.4 der Fall ist). Sie ist dargestellt in Abbildung 6.5.

Dies ist jedoch kein echter Fortschritt, denn jede Singularität in den klassischen kosmologischen Modellen wird sich als ein singuläres Merkmal des klassischen Pfades darstellen, und es hat den Anschein, als griffen wir ohne besonderen Grund eine bestimmte Anfangsbedingung heraus, die das Universum nun einmal so beschreibt, daß es mit einem von Anfang an existierenden Punkt beginnt.

Wir könnten jetzt einen radikalen Schritt tun, dem aber möglicherweise keinerlei physikalische Bedeutung zukommt,

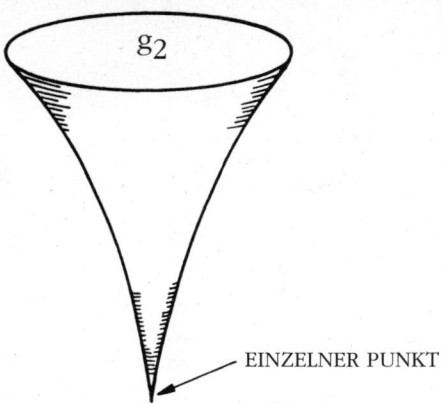

EINZELNER PUNKT

Abbildung 6.5: Ein Raumzeit-Pfad, dessen Grenze aus einem gekrümmten dreidimensionalen Raum g_2 und einem einzelnen Punkt besteht.

der vielmehr eine von ästhetischen Erwägungen bestimmte Glaubenssache ist. Wenn wir die Abbildungen 6.4 und 6.5 betrachten, sehen wir, wie der postulierte Anfangszustand g_1 mit dem Zustand des Raums weiter oben in der Röhre (oder dem Kegel) bei g_2 verbunden ist. Vielleicht ließen sich die Grenzen der Konfigurationen bei g_1 und g_2 so verbinden, daß sie einen einzigen glatten Raum wie in Abbildung 6.6 beschreiben, der keine unangenehmen Singularitäten enthält.

Wir kennen einfache zweidimensionale Beispiele wie die Oberfläche einer Kugel, die glatt sind und keine Singularitäten wie die an der Spitze eines Kegels enthalten. Wir könnten uns also vorstellen, daß nicht g_1 und g_2 die Grenze bilden, sondern daß die gesamte Grenzfläche der vierdimensionalen Raumzeit in einer einzigen glatten dreidimensionalen Fläche besteht. Dies entspräche der Oberfläche einer Kugel in vier Raumdimensionen. Oberflächen von Kugeln haben die interessante Eigenschaft, endlich, aber unbegrenzt zu sein: Die Oberfläche ist endlich groß (man braucht nur endlich viel Farbe, um sie anzustreichen), aber wie man sich

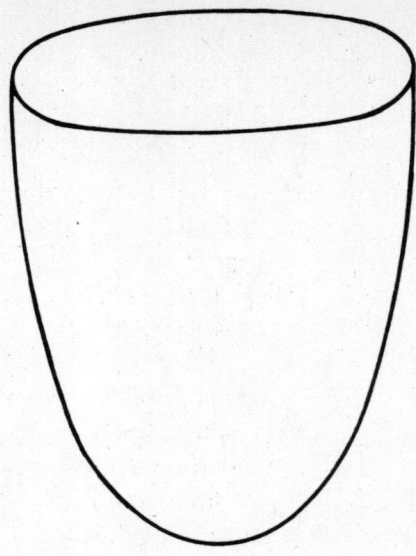

Abbildung 6.6: Ein Pfad, dessen Grenze sanft gerundet ist, so daß sie nur aus einem einzigen dreidimensionalen Raum besteht und nicht, wie in Abbildung 6.5, unten eine Spitze hat. Seine Übergangswahrscheinlichkeit kann deshalb als die eines Universums gedeutet werden, das aus dem Nichts entstanden ist.

auch dreht und wendet, nirgendwo kann man sie an einem Rand verlassen oder auf einen ausgezeichneten Punkt wie etwa die Spitze eines Kegels stoßen. Aus der Sicht ihrer (zweidimensional gedachten) Bewohner ist die Oberfläche einer Kugel grenzenlos. Eine analoge Situation kann man sich für den Anfangszustand des Universums vorstellen. Doch die Kugel, die wir als Beispiel benutzt haben, ist ein dreidimensionaler Raum mit einer zweidimensionalen Oberfläche. Für unsere Quantengeometrie – und hier kommt der radikale Schritt – benötigen wir aber eine dreidimensionale Oberfläche in einem vierdimensionalen *Raum* (und *nicht* eine vierdimensionale *Raumzeit*, als welche das reale Universum aufgefaßt wird). Stephen Hawking und der amerikanische Physiker James Hartle haben daher 1983 vorgeschlagen, unseren gewohnten Zeitbegriff in diesem quantenkosmologischen Kontext zu transzendieren und die Zeit zu einer weiteren Raumdimension zu machen.

Das ist nicht so geheimnisvoll, wie es klingt, denn Physiker benutzen diesen Kunstgriff, aus Zeit Raum zu machen, des öfteren, um bestimmte Probleme in der gewöhnlichen Quantenmechanik zu lösen, ohne deshalb zu denken, daß Zeit *wirklich* zu Raum wird. Wenn sie mit ihrer Berechnung fertig sind, kehren sie einfach wieder zu der üblichen Interpretation zurück, daß es eine Zeitdimension und drei (davon qualitativ verschiedene) Raumdimensionen gibt. Es ist, als benutzte man zeitweilig eine andere Sprache.

Hier sei uns eine kurze Abschweifung erlaubt. Diese Idee, daß Zeit zu Raum wird, ist ein gutes Beispiel dafür, wie schwierig es ist, ein brauchbares Bild von dem, was geschieht, durch Worte zu vermitteln. Den ersten Versuch machte Hawking 1988 in seinem Buch *Eine kurze Geschichte der Zeit*. Wenn man heutzutage Wissenschaft allgemeinverständlich darstellen will, muß man komplizierte mathematische Abstraktionen anhand einfacher, anschaulicher Bilder oder Analogien erläutern. Oft vergleicht man Wechselwirkungen zwischen Elementarteilchen mit Zusammenstößen zwischen Billardkugeln, beschreibt man Atome als winzige Sonnensysteme usw. Dabei haben sich einige französische Mathematiker schon Ende des 19. Jahrhunderts ziemlich kritisch über Physiker geäußert, die verschiedene physikalische Erscheinungen nach wie vor durch mechanische Bilder mit kleinen rollenden Kugeln, Rädern und Bindfäden wiedergeben wollten. Bei der Popularisierung wissenschaftlicher Erkenntnisse macht man sich die Tatsache zunutze, daß zwischen nicht so leicht faßbaren Zusammenhängen des Universums und Vorgängen in unserer Alltagswelt einfache Analogien bestehen. Für die Idee, daß die Zeit zu einer weiteren Dimension des Raums wird, gibt es aber offenbar keine vertraute Analogie. Man liest den Satz: »Die Zeit wird zu einer weiteren Dimension des Raumes«, und versteht auch, was die Worte bedeuten, versteht aber im Grunde trotzdem nicht, was damit ausgedrückt werden soll. Dieser Mangel an einer handlichen Analogie war vielleicht die Ursache für die Schwierigkeiten, die so mancher Leser mit der *Kurzen Geschichte der Zeit* hatte. Wir erwarten einfach, daß es auch für die tiefsten Aspekte des Universums – seien es die mikroskopischen Aspekte der Elementarteilchen, seien es die makroskopischen des Alls mit seinen Galaxien und Schwarzen Löchern – einfache, vertraute Analogien gibt. Aber vielleicht gibt es keine. Das könnte sogar ein gutes Zeichen sein und darauf hindeuten, daß wir dabei sind, auf eine harte Tatsache der Realität zu stoßen, anstatt wieder nur unsere alten vertrauten Konzepte einzusetzen.

Das Radikale an dieser quantentheoretischen Auffassung der Zeit besteht darin, daß sie die Zeit so behandelt, als *gliche* sie in der letzten quantengravitativen Umgebung des Urknalls wirklich dem Raum. In einem gewissen Abstand vom Anfang des Universums ist dann damit zu rechnen, daß die Quanteneffekte wie Wellenberge und Wellentäler interferieren und daß das Universum von da an mit immer größerer Genauigkeit dem klassischen Pfad folgt. Der übliche, vom Raum qualitativ verschiedene Charakter der Zeit bildet sich in den ersten Momenten nach der Planck-Zeit heraus. Nähert man sich dagegen dem Anfang, so schmilzt die Eigenständigkeit der Zeit dahin, und die Zeit ist nicht mehr vom Raum zu unterscheiden.

Dieser Gedanke, daß der ursprüngliche Quantenzustand des Universums nicht die Zeit als eigene Dimension enthält, wurde von Hartle und Hawking vorgeschlagen, weil er ökonomisch erscheint und Singularität im Anfangszustand vermeidet. Da der Anfang des Universums dann frei von Randbedingungen ist, bezeichnet man ihn als »Randfreiheit«. Der Vorschlag der Randfreiheit fordert, daß die Wellenfunktion des Universums bestimmt ist durch einen Mittelwert von Übergängen, die auf vierdimensionale Räume beschränkt sind, die wie die erwähnte Kugelfläche eine einzige, endliche, glatte Grenzfläche haben.

Diese Vorschrift liefert eine Übergangswahrscheinlichkeit ohne Anfangszustände. Die Bedingung der Randfreiheit wird daher oft mit der Forderung nach einer »Erzeugung aus dem Nichts« identifiziert, denn T gibt nach dieser Vorstellung die Wahrscheinlichkeit dafür an, daß ein bestimmter Typ eines Universums aus dem Nichts geschaffen wurde. Aus der »Zeit wird Raum«-Vorstellung folgt, daß es keinen bestimmten Augenblick oder Punkt gibt, in dem das Universum entstanden ist.

Aus dieser quantentheoretischen Beschreibung des Anfangs ergibt sich ein Gesamtbild, dem zufolge der Zeitbegriff beim Rückblick auf jenen Moment, den wir den »Nullpunkt« der Zeit genannt haben, verblaßt, bis es ihn schließlich gar nicht mehr gibt. Diese Art von Quantenuniversum hat es nicht immer gegeben – sie entsteht genau wie klassische Kosmologien, die Singularitäten aufweisen –, beginnt aber nicht mit einem Urknall, bei dem die physikalischen Größen unendlich groß sind und für den weitere Anfangsbedingungen festgelegt werden müssen. Weder das Bild der singulären Urknallschöpfung noch das Bild der Quantenschöpfung sagt uns, woraus das Universum entstanden sein könnte und warum.

Wir sollten nochmals betonen, daß der Hartle-Hawking-Vorschlag ein radikaler Vorschlag ist. Er enthält zwei Gedanken: zum einen, daß »Zeit zum Raum wird«, zum anderen, daß das Universum keinen Rand hat. Diese Vorschrift für den Zustand des Universums umfaßt gleichermaßen die Rolle der Anfangsbedingungen wie die der Naturgesetze im herkömmlichen Bild. Man kann den ersten Gedanken teilen, ohne sich den Gedanken der Randfreiheit zu eigen zu machen, denn auch ohne ihn gibt es zahlreiche Möglichkeiten, den Zustand eines Universums zu beschreiben, das sich aus dem Nichts heraus tunnelt.

Abbildung 6.7 zeigt den Zusammenhang zwischen der Wellenfunktion des Universums, W, und der Dichte des Universums (als »Uhr«) für den Fall der Randfreiheit und für eine ganz anders geartete mögliche Randbedingung, die der amerikanische Physiker Vilenkin vorgeschlagen hat. Große Werte von W entsprechen hohen Wahrscheinlichkeiten. Bei Randfreiheit ist es danach äußerst unwahrscheinlich, daß das Universum mit einer hohen Dichte entstanden ist, bei der Vilenkin-Bedingung dagegen sehr wahrscheinlich. Kritiker der Randfreiheit-Bedingung halten es für unwahrscheinlich, daß sie zu einem sehr frühen Universum führt, das dicht und heiß genug war, um eine Inflation durchzumachen.

Die Erforschung der Wellenfunktion des Universums steckt noch in den Anfängen. Bis man zu einer vollständigen Theorie gelangt ist, werden sich die Vorstellungen davon sicherlich noch vielfach ändern. Die Bedingung der Randfreiheit läßt manches zu wünschen übrig. Sie sagt nichts über die kleinen Unregelmäßigkeiten, ohne die sich keine Galaxien bilden können. Wir brauchen zusätzliche Informationen über die Materiefelder und ihre Verteilung im Universum. Die Idee der Randfreiheit kann sich als richtig, als halbwegs richtig oder auch als falsch erweisen. Ein Pessimist könnte sogar sagen, daß wir das niemals werden entscheiden können, weil das Universum so beschaffen sein könnte, daß es von seinen Quantenursprüngen keine Spuren hinterlassen hat – oder zumindest keine, die so erheblich sind, daß wir sie heute beobachten können, um so unsere Thesen anhand von Tatsachen zu überprüfen. Das könnte der Fall sein, wenn es eine Inflation gegeben hätte.

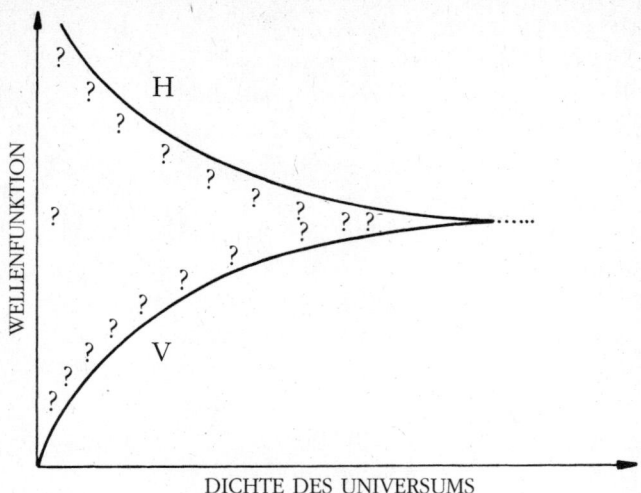

Abbildung 6.7: Die möglichen Zusammenhänge der Wellenfunktion des Universums mit der Materiedichte im Universum. Ein hoher Wert der Wellenfunktion entspricht einer hohen Eintrittswahrscheinlichkeit. Dargestellt sind die Vorschläge für die Wellenfunktion von Hartle-Hawking (H) und Vilenkin (V). Dazwischen (im Gebiet mit dem »?«) könnten andere mögliche Verhaltensweisen zulässig sein. Die Theorie wird bei sehr hoher Dichte (gepunktet) unzuverlässig.

Die wichtige Lehre, die wir aus diesen Überlegungen ziehen können, ist, daß unsere herkömmliche Denkweise – das Universum entwickelt sich, weil Naturgesetze auf Anfangsbedingungen einwirken – falsch sein könnte. Vielleicht ist sie nur ein Kunstprodukt unserer Erfahrung in einem Bereich der Natur, in dem Quanteneffekte verschwindend klein sind. Die Bedingung der Randfreiheit und ihre verschiedenen Rivalen wurden offenbar wegen ihrer Einfachheit gewählt oder weil sie Berechnungen erleichtern. Die innere Logik des Quantenuniversums schreibt sie, soweit wir wissen, nicht zwingend vor.

Die Auffassung, daß die Anfangsbedingungen unabhängig von den Naturgesetzen sind, gilt nicht unbedingt auch für den

Anfangszustand des Universums. Wenn das Universum einzigartig ist, weil es die einzige logisch widerspruchsfreie Möglichkeit darstellt, sind auch die Anfangsbedingungen einzigartig und werden selbst zum Naturgesetz. Wenn wir dagegen glauben, daß viele Universen möglich sind, ja sogar, daß es vielleicht tatsächlich viele andere Universen gibt, verlieren die Anfangsbedingungen ihren Sonderstatus. Sie könnten alle irgendwo realisiert sein.

Die herkömmliche Ansicht, nach der für die Anfangsbedingungen die Theologen und für die Entwicklungsgleichungen die Physiker zuständig sind, gilt anscheinend nicht mehr, jedenfalls vorläufig. Die Kosmologen befassen sich jetzt mit den Anfangsbedingungen, um herauszufinden, ob es ein »Gesetz« der Anfangsbedingungen gibt, von denen die Randfreiheit nur ein mögliches Beispiel wäre. Sie ist zwar radikal, aber vielleicht nicht radikal genug. Es ist beunruhigend, daß so viele Vorstellungen des modernen quantenkosmologischen Bildes – »Entstehung aus dem Nichts«, »Zeit und Universum entstehen gemeinsam« – nur Weiterentwicklungen traditioneller Einsichten und Denkkategorien sind, bei denen die Theologen des Mittelalters sich wie zu Hause gefühlt hätten. Sicherlich gehen viele der modernen kosmologischen Begriffe, nun allerdings mathematisch formuliert, auf diese traditionellen Vorstellungen zurück. Die von Hartle und Hawking aufgestellte These, daß Zeit zu Raum wird, ist das einzige wirklich radikale Element, das in den kosmologischen Vorstellungen früherer Theologen und Philosophen keinen Vorläufer hat. Wir werden wohl noch so manche gewohnte Vorstellung aufgeben müssen, bevor sich das wahre Bild abzeichnet.

Man sollte sich nicht von der Selbstgewißheit täuschen lassen, mit der einige moderne Kosmologen die Frage nach dem Ursprung des Universums behandelt haben und die sie nicht davor zurückscheuen ließ, wissenschaftliche Artikel mit Titeln wie »Die Entstehung des Universums aus dem Nichts« zu veröffentlichen. Um überhaupt etwas Interessantes aussagen zu können, müssen alle diese Theorien sehr viel mehr voraussetzen als das, was man gewöhnlich unter »nichts« versteht. Was am Anfang existieren muß, sind Naturgesetze (in unserem Fall die Wheeler-DeWitt-Gleichung), Energie, Masse und Geometrie, und all dem liegt natürlich die ubiquitäre Welt von Mathematik und Logik zugrunde. Ein breites Fundament von Rationalität ist notwendig, bevor eine vollständige Erklärung des Universums aufgestellt und aufrechterhalten werden kann. Die meisten modernen Theologen weisen auf diese rationale Grundlage hin, wenn man sie nach der Rolle Gottes im Universum fragt. Für sie ist Gott nicht bloß der Große Initiator der Expansion des Universums.

Jene wissenschaftlichen Bestrebungen, die Existenz des Universums als Folge eines vorhergegangenen Zustands zu erklären, der aus *absolut nichts* bestand, verletzen unsere tiefsitzende Überzeugung, daß »es nichts umsonst gibt«. Für wissenschaftliche Laien ist es ausgemacht, daß man nicht aus nichts etwas machen kann. Gegen den Versuch, die Entstehung eines Universums wissenschaftlich zu erklären, scheint sich sogleich der Einwand zu erheben, daß man damit versucht, aus nichts etwas zu bekommen, denn man müßte ein Universum entstehen lassen, das Energie, Drehimpuls und elektrische Ladung besäße. Das würde gegen die Naturgesetze verstoßen, für die die Erhaltung dieser Größen grundlegend ist, und folglich kann die Entstehung des Universums aus dem Nichts nicht eine Folge dieser Gesetze sein.

Dieses Argument ist durchaus überzeugend, bis man danach fragt, was die Energie, der Drehimpuls und die elektrische Ladung des Universums sein könnten. Wenn das Universum selbst einen Drehimpuls besitzt, muß die Expansion letztlich eine Rotation aufweisen. Die fernsten Galaxien würden sich dann nicht nur von uns entfernen, sondern sich auch *über* den Himmel bewegen. Auch wenn diese Querbewegung zu langsam wäre, als daß wir sie beobachten könnten, so gibt es doch andere empfindliche Anzeichen für eine etwa vorhandene kosmische Rotation. Bei der Erde bewirkt die Rotation eine geringfügige Abplattung an den Polen. Würde das Universum rotieren, ergäbe sich ein ähnliches Phänomen: Richtungen längs der Rotationsachse würden langsamer expandieren als andere. Die Mikrowellen-Hintergrundstrahlung wäre folglich am heißesten, wenn sie aus der Richtung der Rotationsachse käme, und am kühlsten aus Richtungen senkrecht zu ihr. Da die Strahlungstemperatur in allen Richtungen mit einer Genauigkeit von eins zu hunderttausend gleich ist, müßte das Universum, sollte es wirklich rotieren, über eine Billion mal langsamer rotieren, als es sich ausdehnt. Dieses Verhältnis ist so winzig, daß man annehmen darf, daß das Universum als Ganzes nicht rotiert und keinen Drehimpuls besitzt.

Auch spricht nichts dafür, daß das Universum als Ganzes eine elektrische Ladung besitzt. Würden kosmische Strukturen eine elektrische Ladung besitzen, zum Beispiel, weil sie nicht genauso viele Protonen wie Elektronen enthalten, hätte das dramatische Auswirkungen auf die Expansion des Universums, da die Elektrizität sehr viel stärker ist als die Schwerkraft. Tatsächlich ist es eine bemerkenswerte Konsequenz aus Einsteins Gravitätstheorie, daß ein »geschlossenes« Universum – eines, das zu einer zukünftigen Singularität kontrahieren wird – eine elektrische Gesamtladung Null haben *muß*, das heißt, die einzelnen elektrischen Ladungen aller in ihm enthaltenen Materie müssen in der Summe null ergeben.

Wie verhält es sich schließlich mit der Energie des Universums? Sie ist das einleuchtendste Beispiel für etwas, das man nicht aus nichts erzeugen kann. Bemerkenswert ist aber, daß das Universum, wenn es geschlossen ist, auch eine Gesamtenergie *Null* haben muß. Das läßt sich mit Einsteins Formel

$E = mc^2$ begründen, die uns darauf hinweist, daß Energie und Masse austauschbar sind und man daher eher von einer Erhaltung der Massenenergie statt getrennt von Energieerhaltung oder Massenerhaltung sprechen sollte. Wesentlich ist nun, daß es von der Energie, sofern sie nicht Masse ist, eine positive und eine negative Spielart gibt. Wenn wir alle Massen in einem geschlossenen Universum zusammenzählen, steuern sie zur gesamten Massenenergie einen großen positiven Betrag bei. Diese Massen üben aber auch eine Gravitation aufeinander aus. Diese Kraft entspricht einer negativen Energie oder einer sogenannten »potentiellen Energie«. Wenn wir eine Kugel in der Hand halten, hat sie potentielle Energie in dem Sinne, daß, wenn wir die Kugel fallen lassen, auf ihr Kosten eine positive Bewegungsenergie erzeugt wird. Das Gravitationsgesetz sorgt dafür, daß die negative potentielle Energie der Gravitation zwischen den Massen im Universum der Summe der mit den einzelnen Massen verknüpften mc^2-Energien dem Betrag nach gleich, in der Auswirkung aber entgegengesetzt ist. Die Gesamtsumme beträgt daher immer exakt null.

Wir haben hier einen bemerkenswerten Sachverhalt vor uns. Es scheint, daß alle drei Erhaltungsgrößen, die uns daran hindern, etwas aus nichts zu bekommen, universale Werte haben, die gleich null sind. Die volle Tragweite dieses Sachverhalts ist noch unklar. Es sieht aber so aus, als seien die Erhaltungsgesetze der Natur kein Hindernis dafür, daß ein Universum aus dem Nichts auftaucht (oder daß es wieder im Nichts verschwindet). Es ist durchaus möglich, daß die Naturgesetze den Schöpfungsprozeß beschreiben.

Um diese Diskussion der wissenschaftlichen Weiterungen einer Erschaffung aus dem Nichts abzuschließen, sollten wir noch einmal auf die These zurückkommen, daß das Universum als eine Raum-Zeit-Singularität begann. Die von der Quantenkosmologie postulierte Randfreiheit vermeidet die

Notwendigkeit eines solchen kataklysmischen Anfangs und ist deshalb bei den Kosmologen derzeit sehr beliebt. Zu denken gibt jedoch die Tatsache, daß viele Studien der Quantenkosmologie von dem Wunsch motiviert sind, eine anfängliche Singularität von unendlicher Dichte zu vermeiden, und deshalb dazu neigen, sich bevorzugt mit Quantenkosmologien zu befassen, die eine Singularität vermeiden, und andere, die eine enthalten könnten, darüber zu vernachlässigen. Man sollte beachten, daß das traditionelle Urknallbild eines aus einer Singularität hervorgehenden Universums strenggenommen auch eine Schöpfung aus dem absoluten Nichts ist. Es wird keine Ursache angegeben, und der Form des entstehenden Universums werden keinerlei Beschränkungen auferlegt. Vorher gibt es weder Zeit noch Raum noch Materie. Forscher, die sich mit der Quantenschöpfung befassen, hoffen, aus der Beschreibung eines hochgradig wahrscheinlichen Universums, das aus einem notwendigen Quantenzustand hervorgeht, Aufschluß darüber zu gewinnen, warum unser Universum so viele ungewöhnliche Eigenschaften besitzt. Leider können etliche dieser Eigenschaften aus einer späteren Phase inflationärer Expansion hervorgegangen sein, und Inflation kann von einer Vielzahl anfänglicher Quantenzustände herrühren.

Hinein ins Labyrinth

»Eine riskante Sache, Watson,
eine sehr riskante Sache!«

Silver Blaze

Alles, was uns umgibt, von Kohlköpfen bis zu Königen, verdankt seine Dichte und Härte bestimmten unveränderlichen Aspekten der Struktur des Universums. Diese unveränderlichen Aspekte nennt man »Naturkonstanten«. Es sind feststehende Werte für solche Phänomene wie die Stärke der Schwerkraft, die Massen der Elementarteilchen, die Stärke der Elektrizität und des Magnetismus und die Lichtgeschwindigkeit im leeren Raum. Wenn sie nicht durch andere Naturkonstanten ausgedrückt werden können, spricht man von »fundamentalen« Konstanten. Die meisten dieser Größen können wir mit großer Präzision messen. Ihre numerischen Werte unterscheiden unser Universum von anderen vorstellbaren Universen, die denselben physikalischen Gesetzen gehorchen. Doch obwohl diese konstanten Größen in all unseren Naturgesetzen vorkommen, sind sie eigentlich im Hinblick auf die Struktur des Universums das tiefste Rätsel. *Warum* haben sie die Werte, die sie haben? Die Physiker haben immer von einer vollständigen Theorie der Physik geträumt, in der die Werte der fundamentalen Konstanten vorhergesagt oder erklärt werden. Viele große Wissenschaftler haben es versucht, doch keiner ist bei diesem Problem auch nur einen Schritt vorangekommen.

Bei den neuesten Versuchen , eine quantentheoretische Beschreibung des Universums und seines Anfangszustands zu entwickeln, hat sich unerwartet eine Möglichkeit ergeben, die Werte der Naturkonstanten zu erklären. Die von James Hartle und Stephen Hawking angestoßene Suche nach der Wellenfunktion des Universums ging generell von der Annahme aus, daß das Universum sich bei den extremen Dichten, wo seine Quanteneigenschaften überwiegen, wie eine vierdimensionale Kugel verhält. Doch dann begannen Kosmologen sich zu fragen, was geschehen würde, wenn die Kugelfläche nicht gleichmäßig glatt wäre, sondern Röhren aufwiese, die einen Teil der Oberfläche mit einem anderen verbinden (siehe Abbildung 7.1). Diese röhrenförmigen Verbindungen bezeichnete man schließlich als »Wurmlöcher«. Es sind Verbindungen zwischen Regionen der Raumzeit, die sonst unzugänglich füreinander wären.

Es gibt mehrere Gründe für diese Entwicklung. Einer ist die Neigung von Physikern, an ihrem Weltbild herumzubasteln, um herauszufinden, ob nicht etwas Neues als Erklärung für das eine oder andere ungelöste Rätsel der Natur auftaucht. Doch es gab noch einen spezifischeren Grund. Das anschauliche Bild, das man sich vom Zustand der Raumzeit zur Planck-Zeit, 10^{-43} Sekunden, und vorher machte, war das Bild eines von Quantenunschärfe geprägten brodelnden Schaums. Das Vorhandensein von Wurmlöchern mit einem Durchmesser, der der Distanz entspricht, die Licht bis zu dieser Zeit zurückgelegt hat (rund 10^{-33} Zentimeter), ist eine wahrscheinliche Konsequenz des chaotisch verknüpften Zustands des Raumes.

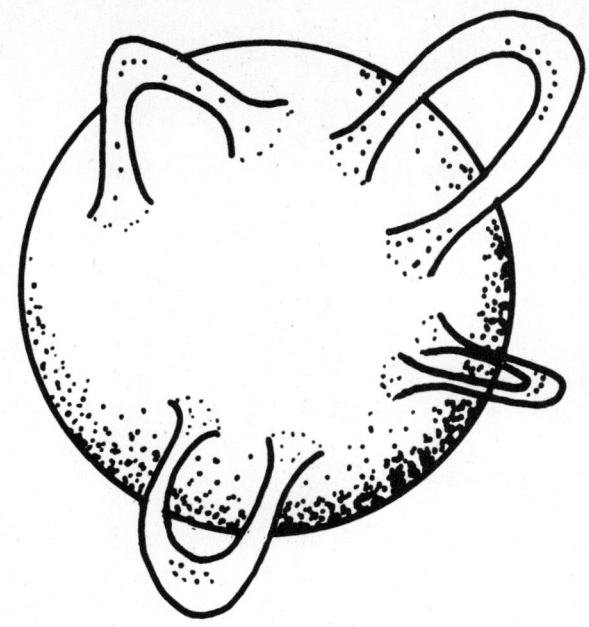

Abbildung 7.1: Ein Raum mit Wurmlochverbindungen zu sich selbst.

Aus dieser Erweiterung unseres Bildes von der globalen Natur des Raumes ergibt sich eine ungeahnte Steigerung der möglichen Komplexität des Universums. Es könnte aus einer Vielzahl (oder gar einer unendlichen Zahl) von ausgedehnten Raumregionen bestehen, die mit sich selbst und miteinander durch Wurmlöcher verbunden sind. In Abbildung 7.2 zeigen wir eine Situation, in der einige untereinander verbundene »Baby-Universen« existieren.

Um zu verstehen, was in Situationen wie dieser geschieht, wollen wir die einfachste Art von Wurmlochverbindungen betrachten, bei der nur die Baby-Universen durch Wurmlöcher verbunden sein sollen. Diese Vereinfachung bezeichnet man als die »verdünnte Wurmloch-Näherung«, weil sie einer vereinfachenden Annahme analog ist, mit deren Hilfe das

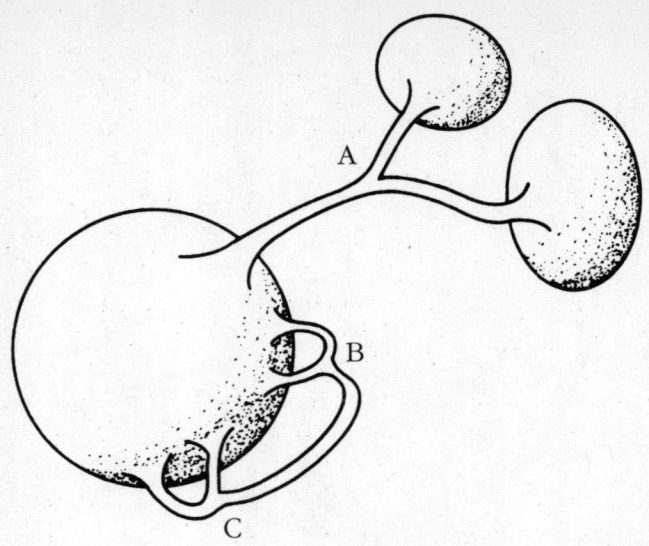

Abbildung 7.2: Ein Netzwerk von Wurmlöchern, das über die verdünnte Wurmlochnäherung hinausgeht: Wurmlöcher trennen sich vom »Mutter-Universum«, um (bei A) zwei »Baby-Universen« zu bilden, und bilden (bei B und C) Verbindungen zu anderen Wurmlöchern auf dem Mutter-Universum.

Verhalten gewöhnlicher Gase beschrieben wird. Die Näherung für verdünnte Gase beruht darauf, daß Gasmoleküle mit der freien Bewegung zwischen zwei Zusammenstößen weit mehr Zeit verbringen als mit dem Zusammenstoß selbst. Wenn dies nicht der Fall ist, wenn beispielsweise das Gas zu einer Flüssigkeit kondensiert, wechselwirkt es sehr viel stärker. Die verdünnte Wurmlochnäherung ist eine Vereinfachung der zwischen den Baby-Universen zulässigen Art von Wechselwirkungen. Sie unterstellt, daß die Wurmlöcher nur große glatte Regionen verbinden und daß sie sich nicht in zwei Röhren aufspalten oder Verbindungen zu anderen Wurmlöchern herstellen (siehe Abbildung 7.3).

Das wäre alles ganz schön, aber mehr auch nicht, wenn es

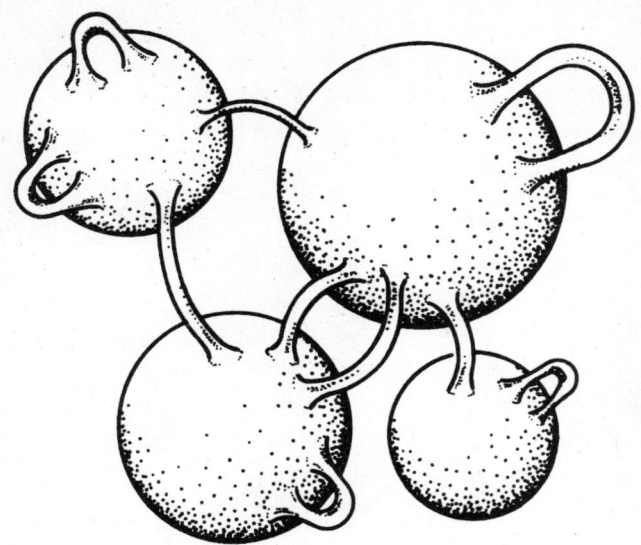

Abbildung 7.3: Eine Reihe von »Baby-Universen«, die durch Wurmlöcher verbunden sind und Wurmlochverbindungen zu sich selbst haben. Diese Wurmlöcher stellen keine Verbindung zu anderen Wurmlöchern her, und sie spalten sich nicht in zwei oder mehr Wurmlöcher auf. Diesen Zustand bezeichnet man als »verdünnte Wurmlochnäherung«.

wirklich nur das wäre, was es zu sein scheint, nämlich eine Verallgemeinerung um ihrer selbst willen. Doch die Wurmlochidee hatte sehr viel weiterreichende Folgen. Die Werte der in einer großen Region des Universums existierenden Naturkonstanten könnten jetzt durch das Netzwerk fluktuierender Wurmlochverbindungen mit dieser Region bestimmt werden. Da die Wurmlochverbindungen aber alle Eigenschaften der Quantenunschärfe besitzen, werden die Konstanten nicht exakt, sondern nur statistisch bestimmt sein.

Am einfachsten ließ sich die berühmte »kosmologische Konstante« untersuchen, der Term, den Einstein in die Gleichungen seiner Allgemeinen Relativitätstheorie eingeführt hatte, um ein statisches Modell des Universums zu erhalten, und später verwarf. Die kosmologische Konstante erzeugte eine Abstoßungskraft von großer Reichweite, die der anziehenden Schwerkraft zwischen Massen entgegenwirkte. Man konnte zwar, wie die Kosmologen es generell taten, die Möglichkeit dieses Zusatzes zum Gravitationsgesetz ignorieren, doch gibt es keinen guten Grund, warum er nicht in Einsteins Gleichungen vorkommen sollte. Er ist ziemlich unbefriedigend. Selbst wenn er nicht verhindern kann, daß das Universum expandiert, könnte er immer noch die Geschwindigkeit verändern, mit der das Universum heute expandiert. Astronomische Beobachtungen der Expansionsgeschwindigkeit des Universums zeigen, daß die kosmologische Konstante, wenn sie überhaupt existiert, erstaunlich klein ist. Als bloßer Zahlenwert ausgedrückt, muß sie kleiner sein als 10^{-120}! Diese Zahl ist so klein, daß man vermuten muß, daß ein unbekanntes Naturgesetz fordert, daß sie gleich *Null* sein muß. Doch alle Untersuchungen über das Verhalten der Elementarteilchen und Energiefelder im frühen Universum haben genau das Gegenteil ergeben. Sie sagen nicht nur vorher, daß eine kosmologische Konstante zu erwarten ist; sie sagen außerdem vorher, daß sie riesengroß sein muß, ungeheuer viel größer, als unsere Beobachtungen der heutigen Expansion es zulassen, vielleicht sogar 10^{120}mal größer!

1988 machte der amerikanische Physiker Sidney Coleman eine bemerkenswerte Entdeckung. Würde ein Universum zusätzlich zur Schwerkraft mit einer kosmologischen Konstante beginnen, würde sich das auf Wurmlöcher in der Weise auswirken, daß ein Gegendruck entstünde, der seinen Abstoßungseffekt bis auf eine Quantenunschärfe aufheben würde. Die Berücksichtigung der Wurmlochfluktuationen führt daher zu der Vorhersage, daß, wenn ein Baby-Universum groß wird (wie unser heute sichtbares Universum), der allerwahrscheinlichste Wert der kosmologischen Konstante in ihm Null ist, wie Abbildung 7.4 zeigt.

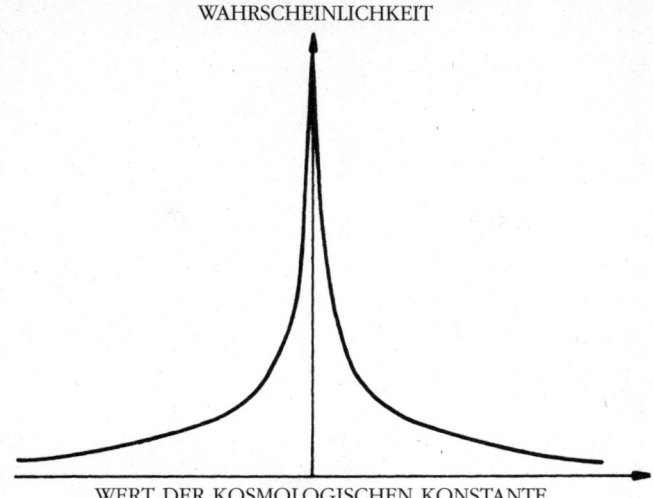

WAHRSCHEINLICHKEIT

WERT DER KOSMOLOGISCHEN KONSTANTE

Abbildung 7.4: Die Wahrscheinlichkeit, daß die kosmologische Konstante einen bestimmten Wert hat, der durch Wurmlochfluktuationen zustande kommt. Der wahrscheinlichste Wert hat bei Null ein deutliches Maximum.

Bisher ist dieser Erfolg nicht dahin ausgeweitet worden, daß man für eine der von Null verschiedenen Naturkonstanten wie die Masse oder die elektrische Ladung des Elektrons eine Vorhersage abgeleitet hätte. Es ist jedoch erhellend, die mögliche Art und Interpretation einer solchen Vorhersage zu betrachten.

Angenommen, wir könnten eine Wahrscheinlichkeitsverteilung für eine fundamentale Konstante im heutigen Universum berechnen, zum Beispiel die Stärke der elektromagnetischen Kraft. Das Ergebnis könnte einem der in Abbildung 7.5 dargestellten Fälle ähneln.

Im ersten Fall sind alle Werte der Konstante gleich wahrscheinlich, und die Wurmlochtheorie macht keine Vorhersage, die wir mit dem beobachteten Wert der Konstante ver-

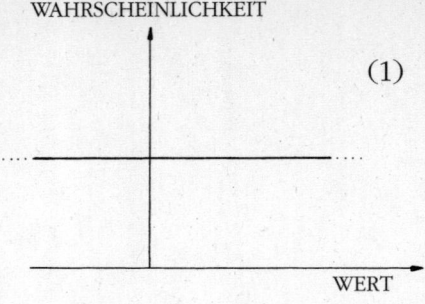

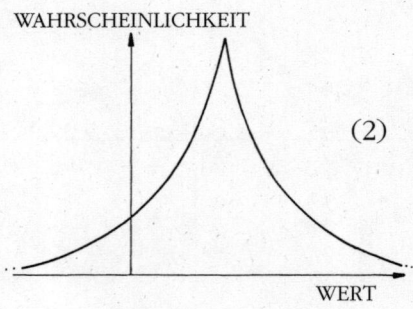

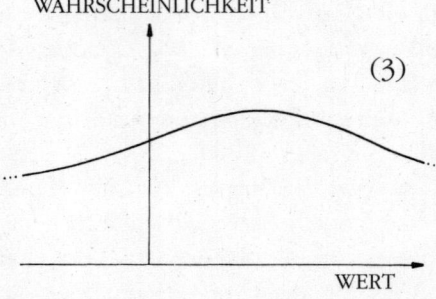

Abbildung 7.5: Drei mögliche Vorhersagen für die beobachteten Werte von Naturkonstanten, die sich aus einer Wurmlochtheorie ergeben könnten: (1) gleiche Wahrscheinlichkeit für jeden Wert; (2) ein Wert eindeutig wahrscheinlicher; (3) Wahrscheinlichkeit über viele Werte verteilt, ohne ein ausgeprägtes Maximum.

gleichen könnten. Im zweiten Fall spricht die überwältigende Wahrscheinlichkeit dafür, daß die Konstante einen Wert hat, der beim Maximum der Kurve liegt. Die meisten Kosmologen deuten ein solches Maximum als Auswahl der Situation, die wir beobachten sollten, weil es die wahrscheinlichste Situation bezeichnet. Wenn die Wahrscheinlichkeitsverteilung für den erwarteten Wert der Newtonschen Gravitationskonstante ein eindeutiges Maximum um den beobachteten Wert hätte, so würden wir das als einen erstaunlichen Erfolg für die Wurmlochtheorie werten. Das würde uns auch erlauben, unsere Theorien der Quantengravitation vor der Planck-Zeit anhand von Beobachtungen der Naturkonstanten zu überprüfen. Leider hat es sich als allzu schwierig erwiesen, solche Vorhersagen aus der Theorie abzuleiten.

Viele Physiker glauben, wie wir gesehen haben, daß eine einzige Beschreibung der Naturgesetze existieren müsse, die alles in sich vereint, was wir über die getrennten Kräfte der Gravitation, der Elektrizität, des Magnetismus, der Radioaktivität und der Kernphysik wissen. Diesen zusammenfassenden Ausdruck der Naturgesetze hat man als Theorie von allem bezeichnet, und von ihr erhoffen sich die Physiker, daß sie für die Naturkonstanten eindeutige und logisch widerspruchsfreie Werte vorschreibt. Falls wir die Theorie von allem finden, sollte sie die Werte der fundamentalen Konstanten enthalten – das wäre die definitive Bewährungsprobe einer solchen Theorie. Doch selbst dann, wenn eine Theorie von allem die Anfangswerte der Naturkonstanten in jedem »Baby«- und »Mutteruniversum« festlegte, würden die Wurmlochverbindungen zwischen ihnen unvorhersagbare Fluktuationen erzeugen, die die Werte dieser Konstanten verschöben. Ihre gemessenen Werte würden von den Werten, die ihnen anfangs zugeschrieben wurden, forttreiben. Ihre heute beobachteten Werte müssen folglich nicht mit denen übereinstimmen, die die Theorie von allem vorschreibt.

Betrachten wir jetzt den letzten der drei hypothetischen Fälle in Abbilding 7.5. In (3) verteilt sich die Wahrscheinlichkeit ziemlich gleichmäßig über einen weiten Bereich möglicher Werte. Das wirft allerlei unbequeme Fragen auf. Warum sollten wir die Beobachtungen unseres Universums mit den Vorhersagen für das wahrscheinlichste Universum vergleichen? Sollten wir erwarten, daß unser Universum zu den in einem quantentheoretischen Sinne »wahrscheinlichsten« gehört? Wir werden den Standpunkt vertreten, daß alles dafür spricht, zu erwarten, daß unser Universum *nicht* zu den wahrscheinlichsten gehört.

Im ersten Kapitel haben wir den Begriff eines expandierenden Universums eingeführt und gezeigt, daß zwischen dem Alter eines solchen Universums und der Entwicklung von Beobachtern ein starker Zusammenhang besteht. Ein altes Universum bringt notwendig Sterne hervor, die die Kernelemente schwerer als Helium erzeugen, die die Voraussetzung für die Evolution von Komplexität sind. Entsprechend können wir die Frage erwägen, warum die Existenz von Beobachtern, wie wir es sind (oder auch von Beobachtern, die uns unähnlich sind), bedeutet, daß die Naturkonstanten numerische Werte haben müssen, die von den beobachteten nicht allzu stark abweichen. Wäre die Stärke der Schwerkraft ein wenig anders oder die Stärke der elektromagnetischen Kraft ein wenig gestört, könnten stabile Sterne nicht existieren, und die fein ausgewogenen, Leben ermöglichenden Eigenschaften von Kernen, Atomen und Molekülen würden zerstört. Biologen sind überzeugt, daß die spontane Entwicklung von Leben das Vorkommen von Kohlenstoff voraussetzt – mit all den Bindungseigenschaften, die ihn zur Grundlage der DNS und der RNS, der helikalen Moleküle des Lebens, machen. Das Vorkommen von Kohlenstoff hängt nicht nur von Alter und Größe des Universums ab, sondern auch von zwei verblüffenden scheinbaren Koinzidenzen zwischen den Naturkonstanten, die die Energieniveaus von Kernen bestimmen. Wenn in den Sternen durch Kernreaktionen zwei Heliumkerne zu Beryllium vereinigt werden, ist nur noch ein weiterer Schritt nötig, um durch Hinzufügung eines weiteren Heliumkerns Kohlenstoff zu erzeugen. Diese Reaktion scheint jedoch zu langsam vor sich zu gehen, als daß sie nennenswerte Mengen Kohlenstoff im Universum erzeugen könnte. Angestachelt durch die Tatsache, daß wir dennoch existieren, machte Fred Hoyle 1952 eine überraschende Vorhersage. Er sagte vorher, daß der Kohlenstoffkern sich auf einem Energieniveau befinden könnte, das knapp über der Summe der Energien der Helium- und Berylliumkerne liegt. Dadurch kommt es besonders schnell zu einer Helium-Beryllium-Reaktion, weil die Verbindung der beiden Kerne einen sogenannten »resonanten« Zustand einnimmt, der dafür ein natürliches Energieniveau bereithält. Es zeigte sich, daß Hoyle recht hatte. Zur Verblüffung der Kernphysiker befand sich genau dort, wo er es vorhergesagt hatte, ein zuvor unbekanntes Energieniveau des Kohlenstoffkerns. Der CalTech-Physiker William Fowler, der für seine unschätzbaren Beiträge zur nuklearen Astrophysik den Nobelpreis erhielt, hat einmal geäußert, daß Hoyles Vorhersage ihn bewogen habe, auf diesem Gebiet zu forschen. Wenn einer durch bloßes Nachdenken über die Sterne sagen konnte, wo ein Energieniveau eines Kerns zu finden ist, dann mußte an dieser Astrophysik doch etwas dran sein!

Wären die Naturkonstanten geringfügig anders, gäbe es nicht die Resonanz von Helium, Beryllium und Kohlenstoff – und uns auch nicht, denn es gäbe kaum Kohlenstoff im Universum. Und hier kommt die zweite Koinzidenz ins Spiel, denn sobald der Kohlenstoff entstanden war, hätte er durch den nächsten Schritt der Kernreaktion mit weiteren Heliumkernen vollständig in Sauerstoff umgewandelt werden können. Diese Reaktion liegt jedoch – um einen noch knapperen Betrag – über dem Resonanzniveau, und dadurch bleibt ein Teil des Kohlenstoffs erhalten.

Diese Beispiele zeigen uns, daß die Existenz komplexer Strukturen im Universum durch eine Verknüpfung scheinbarer Koinzidenzen zwischen den Werten der Naturkonstanten ermöglicht wird. Wären diese Werte geringfügig anders, entschwände die Möglichkeit, daß intelligente Beobachter sich entwickeln. Aus diesem glücklichen Umstand können wir keine großartigen philosophischen oder theologischen Schlußfolgerungen ziehen. Wir können nicht sagen, daß das Universum im Hinblick auf lebende Beobachter »entworfen« wurde, daß Leben notwendig existieren mußte, daß es anderswo im Universum existiert, oder auch nur, daß es weiterhin existieren wird. Das sind Mutmaßungen, die allesamt wahr oder falsch sein könnten. Darüber können wir derzeit einfach nichts sagen. Wir können lediglich zur Kenntnis nehmen, daß für ein Universum, das lebende Beobachter (oder auch nur Atome oder deren Kerne) enthalten soll, die Naturkonstanten oder zumindest der überwiegende Teil von ihnen Werte haben müssen, die sehr nah bei den beobachteten liegen.

Betrachten wir unter diesem Aspekt noch einmal Abbildung 7.5 (3). Beachten Sie den schmalen Wertebereich der Konstanten, der eine spätere Evolution von biologischer Komplexität zuläßt, und überlegen Sie noch einmal. Der Bereich, der Beobachter zuläßt, wird sehr schmal sein, und er könnte weit von dem wahrscheinlichsten Wert entfernt liegen, den eine Theorie vorhersagt (siehe Abbildung 7.6). Es wird jetzt sehr schwierig, die Theorie mit der Beobachtung zu vergleichen. An dem wahrscheinlichsten Wert der Konstanten sind wir eigentlich gar nicht interessiert. Unser Interesse gilt nur den wahrscheinlichsten Werten, die die Evolution von Beobachtern zulassen. Wenn, übertrieben gesagt, der wahrscheinlichste Wert der Stärke der Schwerkraft

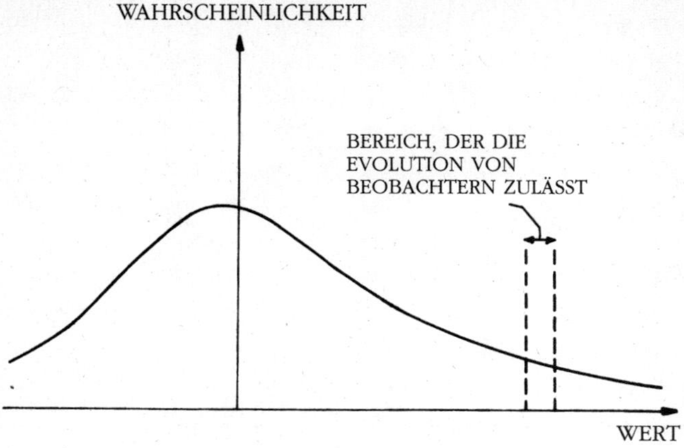

WAHRSCHEINLICHKEIT

BEREICH, DER DIE
EVOLUTION VON
BEOBACHTERN ZULÄSST

WERT

Abbildung 7.6: Eine mögliche Vorhersage für die Wahrscheinlichkeit, im heutigen Universum eine Konstante zu finden, die einen bestimmten Wert hat. Der Wertebereich, der die Evolution von »Beobachtern« zuläßt, ist gleichfalls angedeutet. Er kann, wie hier gezeigt, auch fern von den wahrscheinlichsten Werten der Konstante liegen.

zu Universen führt, die eine Milliardstelsekunde existieren, dann können wir nicht im wahrscheinlichsten Universum leben.

Wir haben eine sehr wichtige Lektion gelernt. Wenn eine kosmologische Theorie statistische Vorhersagen über die Struktur eines aus Quantenursprüngen hervorgehenden Universums macht, dann müssen wir, um diese Vorhersagen anhand von Tatsachen überprüfen zu können, über die Notwendigkeit der vorhergesagten Größe für die Evolution von Beobachtern *in jeder Hinsicht* Bescheid wissen. Der Leben erlaubende Wertebereich dieser Größe könnte sehr schmal und – absolut gesehen – äußerst unwahrscheinlich sein. Gleichwohl müssen wir in einem solchen unwahrscheinlichen Universum leben, weil wir in keinem anderen existieren könnten. Unsere umständliche Reise durch das Labyrinth der Wurmlöcher zu den Anfängen der Zeit hat uns geradewegs wieder auf die Tatsache stoßen lassen, daß unsere Existenz eine wesentliche Gegebenheit für unsere Suche nach den Ursprüngen des Universums und seine bemerkenswerte Palette von Eigenschaften ist.

Um diese Schlußfolgerungen kommen wir nur herum, wenn wir annehmen, daß »Leben« ein allgegenwärtiges Phänomen ist, das unter allen Umständen entstehen würde, unabhängig von den Werten der Naturkonstanten. Dies ist mit allem, was wir über das Leben wissen, kaum zu vereinbaren. Schon bei den tatsächlich gegebenen Werten der Konstanten ist besonders die Evolution von bewußten Lebensformen (mehr noch als von komplizierten Molekülen) eine recht prekäre Angelegenheit. Sehr viele Wege der Evolution enden in Sackgassen. Daß es heute im Universum eine Fülle anderer Lebensformen geben könnte, bestreiten wir nicht, nur sind wir überzeugt, daß sie, falls sie sich spontan entwickelt haben, auf bestimmten Atomen, genauer gesagt auf Kohlenstoff, basieren müssen.

Sicherlich können andere Arten von Leben existieren; wir sind zum Beispiel gerade dabei, einfache Formen von Leben auf Siliziumbasis zu schaffen. Die Erforschung von »künstlichem Leben« (im Gegensatz zur »künstlichen Intelligenz«) ist derzeit ein faszinierender Entwicklungsbereich der Wissenschaft. Physiker, Chemiker, Mathematiker, Biologen und Computerwissenschaftler erforschen gemeinsam die Eigenschaften von emergenten komplexen Systemen, die einige oder alle die Eigenschaften besitzen, die wir mit »lebenden« Dingen verbinden. Bei diesen Studien stützt man sich in der Regel auf schnelle Computergraphik, um das Verhalten komplexer Systeme zu simulieren, die mit ihrer Umwelt wechselwirken, wachsen, sich replizieren und so weiter. Ob hier wirklich von »Leben« gesprochen werden kann, wird man noch sehen; auf jeden Fall sollten derartige Studien wichtige Aufschlüsse über die Bedingungen liefern, die erfüllt sein müssen, damit Strukturen entstehen können, die komplex genug sind, um als »bewußte Beobachter« bezeichnet zu werden.

Neue Dimensionen

»Wie oft habe ich Ihnen gesagt,
daß das, was nach der Ausschließung
des Unmöglichen übrigbleibt,
die Wahrheit sein muß, mag es auch
noch so unwahrscheinlich sein.«

The Sign of Four

Seit Mitte der achtziger Jahre steht das Konzept der Superstrings im Zentrum der Suche nach einer Theorie von allem.
Richtete sich die Suche nach den letzten Gesetzen der Teilchenphysik bis dahin auf mathematische Beschreibungen,
deren einfachste Elemente ausdehnungslose Punkte waren,
so dienen der Superstring-Theorie Fäden oder Schleifen von
Energie als Grundbestandteile. Die Vorsilbe »Super« bezieht
sich auf die spezielle Symmetrie, die diese Strings besitzen
und die diesen Theorien eine einheitliche Beschreibung der
Elementarteilchen der Materie und der verschiedenen Formen von Strahlung in der Natur erlaubt. Daß die elementarsten Teilchen kleinen Schleifen ähneln sollen, erscheint
merkwürdig, ähneln diese Schleifen doch eher elastischen

Bändern: Sie besitzen eine Spannung, die von der Temperatur der Umgebung abhängt. Bei niedriger Temperatur ist die Spannung sehr hoch, und die Schleifen ziehen sich zusammen und verhalten sich wie Punkte. Daher haben Strings unter den relativ maßvollen Bedingungen, die im heutigen Universum herrschen, mit großer Genauigkeit ein punktförmiges Verhalten, und sie entsprechen den Vorhersagen der Physik für niederenergetische Verhältnisse genauso wie die punktförmigen Elementarteilchen. Unter Bedingungen sehr hoher Energie oder Temperatur führt das Bild von Punktteilchen jedoch, wie man seit langem weiß, zu unsinnigen Resultaten. Außerdem beraubt uns das Bild von Punktteilchen der Möglichkeit, die Schwerkraft mit den drei übrigen Kräften – dem Elektromagnetismus sowie der starken und der schwachen Kernkraft – auf einen Nenner zu bringen. Die Stringtheorie verhält sich dagegen bei hohen Temperaturen wunderbar, und die Schwerkraft wird keineswegs ausgeschlossen, sondern reicht sich mit den anderen Naturkräften die Hand. Die unsinnigen Resultate verschwinden, und alle beobachtbaren Eigenschaften der Elementarteilchen können im Prinzip aus der Theorie hergeleitet werden (auch wenn dazu bislang niemand intelligent genug war).

Das alles klingt ganz wunderbar. Die Sache hat aber einen Haken. Diese sehr gefragten Eigenschaften können Superstring-Theorien nur in Universen haben, die weit mehr räumliche Dimensionen haben als die drei, mit denen wir vertraut sind. Die ersten Modelle, die aufgestellt wurden, setzten entweder neun oder fünfundzwanzig Raumdimensionen voraus! Da begann man nach einem in der Nähe der Planck-Zeit ablaufenden natürlichen Prozeß zu suchen, der dafür sorgen würde, daß von angenommenen neun anfänglichen Raumdimensionen, die alle gleichermaßen expandieren, sechs in der Größe des Universums zu jenem Zeitpunkt – 10^{-33} Zentimeter – eingesperrt bleiben würden, während die restlichen

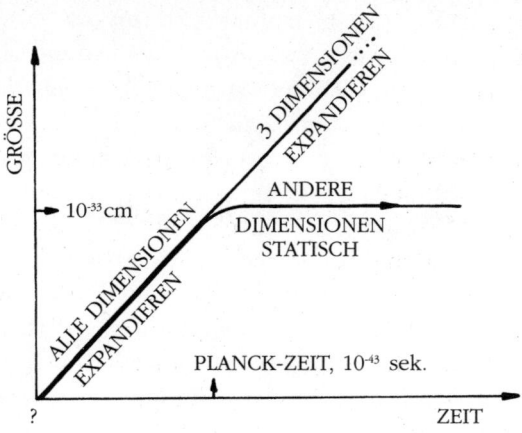

Abbildung 8.1: Der vorgeschlagene Zusammenhang zwischen der Zeit und den Größen, zu denen die verschiedenen Raumdimensionen in einem vorstellbaren Superstring-Universum expandieren. Anfangs expandieren alle Dimensionen in gleicher Weise, aber nach der Planck-Zeit, 10^{-43} Sekunden, expandieren nur drei der Raumdimensionen weiter und werden zu denen, die wir heute erfahren. Sie haben eine Ausdehnung von mindestens 10^{27} Zentimetern und bilden den Raum des sichtbaren Universums. Die anderen bleiben eingesperrt und statisch; sie sind für uns heute nicht wahrnehmbar, weil sie in einem Universum stecken, das sich über nur 10^{-33} Zentimeter erstreckt. Bislang deuten noch keine Beobachtungen darauf hin, daß diese zusätzlichen Raumdimensionen existieren.

drei weiterhin expandieren, bis sie nunmehr 10^{60}mal so groß sind wie die anderen (siehe Abbildung 8.1). Die zusätzlichen Dimensionen sind dieser Theorie zufolge auch heute im Maßstab der Planck-Länge eingesperrt, so daß ihre Effekte nicht wahrnehmbar sind, und zwar nicht nur im Alltag, sondern auch in den Ereignissen, die bislang in den Experimenten der Hochenergiephysik erzeugt wurden (siehe Abbildung 8.1).

Wie sich dieses Einsperren abgespielt haben könnte, ist ein noch ungelöstes Problem. Falls es stattgefunden hat, wird die Erforschung des sehr frühen Universums sehr viel schwieri-

153

ger. Möglicherweise gibt es ein tiefes Prinzip der Natur mit der Forderung, daß drei, und nur drei, Raumdimensionen weiter expandieren und sehr groß werden, eben jene, die wir heute im Universum erfahren. Andererseits könnte die Zahl der großen Dimensionen ganz vom Zufall bestimmt sein. Es ist sogar denkbar, daß sie von einer Region des Universums zur anderen verschieden ist.

Die Zahl der großen Raumdimensionen ist wesentlich für das, was im Universum geschehen kann. Universen mit drei großen Raumdimensionen sind bemerkenswerterweise etwas ganz Besonderes. Bei mehr als drei großen Dimensionen können keine stabilen Atome existieren, und es kann auch keine stabilen Planetenbahnen um Sterne geben. Auch Wellen zeigen in drei Dimensionen ein einzigartiges Verhalten. Bei einer geraden Anzahl von Raumdimensionen, zum Beispiel bei zwei, vier oder sechs, hallen wellenförmige Signale nach, sie können also, zu unterschiedlichen Zeiten ausgesandt, zur gleichen Zeit ankommen. Bei einer ungeraden Anzahl von Dimensionen ist das nicht der Fall: wellenförmige Signale sind nachhallfrei. Doch in allen ungeradzahligen Dimensionen mit Ausnahme von drei werden wellenförmige Signale verzerrt. Nur in drei Dimensionen breiten Wellen sich klar und unverzerrt aus. Es scheint daher – trotz interessanter Spekulationen darüber, was in zwei Dimensionen möglich wäre –, daß lebende Beobachter nur in Universen mit drei großen Dimensionen leben können, weil es bei weiteren großen Dimensionen keine Strukturen (wie etwa Atome) gibt, die durch den Elektromagnetismus und die starke Kernkraft zusammengehalten werden.

Falls es also aufgrund eines tiefen Prinzips der Natur drei große Raumdimensionen gibt, sind wir in einer sehr glücklichen Lage. Sollte die Anzahl der Dimensionen der Welt ein Zufallsergebnis von Ereignissen in der Nähe des Anfangs der Zeit sein, oder sollte sie jenseits des Horizonts des heute sichtbaren Universums von Ort zu Ort verschieden sein, dann haben wir dieselbe Situation wie bei der Bestimmung der Naturkonstanten durch Wurmlochfluktuationen. Wir könnten die *Wahrscheinlichkeit* dafür bestimmen, daß wir drei Raumdimensionen finden werden. Doch mag diese Wahrscheinlichkeit sich auch als noch so klein erweisen, so wissen wir gleichwohl, daß wir am Ende feststellen müßten, daß wir ein Universum mit genau drei großen Raumdimensionen beobachten, weil wir uns in keinem anderen hätten entwickeln können.

Kosmologie und Hochenergiephysik stoßen bei dem Versuch, die Weiterungen der neuen mathematischen Theorien zu erkunden, in spekulative Grenzbereiche vor, die einen Grundzug der Kosmologie hervortreten lassen. Sie fügt sich nicht nahtlos in herkömmliche Definitionen von Wissenschaft. Wissenschaftstheoretiker wie Karl Popper betonen, daß Aussagen auf irgendeine Weise nachprüfbar sein müssen, wenn sie als sinnvoll beziehungsweise »wissenschaftlich« gelten sollen. In Forschungszweigen, die im Labor betrieben werden, schafft das kaum ein Problem. Im Prinzip kann man praktisch jedes gewünschte Experiment machen, auch wenn es in der Realität finanzielle, rechtliche oder moralische Beschränkungen geben mag. In der Astronomie ist die Situation anders. Es steht uns nicht frei, mit dem Universum Experimente zu machen; wir können es auf unterschiedliche Weise beobachten, aber wir können nicht direkt mit ihm experimentieren. Statt Experimente zu machen, suchen wir nach Korrelationen zwischen Dingen. Bei der Beobachtung vieler Galaxien achten wir darauf, ob die sehr großen zugleich sehr hell sind, ob die spiralförmigen den höchsten Anteil Gas und Staub enthalten usw. Auch in der Kosmologie ist die Situation insofern anders als in den terrestrischen Wissenschaften, als unsere Beobachtungen des Universums Mängel aufweisen, die wir nicht dadurch korrigieren können, daß wir das Experiment einfach unter anderen Bedingungen wiederholen. Wir haben erklärt, warum der Epoche, in der wir leben, notwendigerweise eine Milliarde Jahre dauernde Expansion des Universums voraufgegangen ist, und warum wir nur einen Bruchteil des gesamten (möglicherweise unendlich großen) Universums sehen können. Wir haben ferner festgehalten, daß aus den von Ort zu Ort variierenden Eigenschaften des Universums folgt, daß Beobachter sich nur in bestimmten Regionen entwickeln können. Die Kosmologie ist eine Wissenschaft, in der die verfügbaren Daten immer hinter den Wünschen zurückbleiben werden. Unsere Daten sind noch in anderer Weise beeinträchtigt. Hell leuchtende Galaxien sind leichter zu sehen als schwach leuchtende. Sichtbares Licht ist einfacher zu detektieren als Röntgenstrahlen. Die Kunst eines beobachtenden Astronomen besteht darin, die Verfälschungen zu erkennen, die der Prozeß der Datengewinnung in die Beobachtungen hineintragen könnte.

Eingedenk dieser Besonderheiten der Kosmologie, verfolgt man mit Interesse einen wachsenden Trend zur Erforschung des Ursprungs des Universums. Wir betonten oben den Kontrast zwischen jenen, die die beobachtete Struktur des Universums mit den Bedingungen an seinem Anfang zu erklären suchen, und jenen, die zu zeigen versuchen, daß seine gegenwärtige Struktur unabhängig davon, wie es begonnen hat, das unausweichliche Resultat abgelaufener physikalischer Prozesse ist. Der letztere Ansatz findet seinen vollkommensten Ausdruck im Bild des inflationären Universums. Danach hat es, gleichgültig, wie das Universum begonnen hat, eine Region gegeben, die klein genug war, um durch Wechselwirkungen zwischen Materie und Strahlung geglättet zu werden, und die eine Phase beschleunigter Expansion durchlaufen haben könnte. Das Resultat ist ein Universum, das ganz dem unseren ähnelt: alt, groß, ohne magnetische Monopole und quälend nah an dem kritischen Wert expandierend, der

»offene« von »geschlossenen« Universen trennt. In den letzten Jahren hat jedoch auch der erste Ansatz Beachtung gefunden. Wissenschaftler haben sich der Frage zugewandt, ob es Prinzipien gibt, die den Anfangszustand des Universums diktieren. Man fragt nämlich nach einer neuen Art von »Naturgesetz« – nicht nach einem Gesetz, das im Anschluß an den Beginn der Welt die zulässigen Veränderungen ihres Zustandes von einem Augenblick zum nächsten bestimmt, sondern nach einem Gesetz, das die Anfangsbedingungen selbst bestimmt.

Dafür gibt es mehrere interessante Beispiele. Eines haben wir schon kennengelernt: die von James Hartle und Stephen Hawking vorgeschlagene Randfreiheits-Bedingung. Wie gesagt, gibt es rivalisierende Beschreibungen des Anfangszustandes, die zu ganz anderen Schlußfolgerungen führen, darunter die von Alex Vilenkin vorgeschlagene, die in Abbildung 6.7 dargestellt ist. Wir können uns auch einen Anfangszustand vorstellen, der in einem anderen Sinne natürlich erscheint: einen vollkommen zufälligen Zustand. Schließlich gibt es den Vorschlag von Roger Penrose, der es für möglich hält, das Maß der Unordnung im Gravitationsfeld des Universums zu messen – eine universale »Gravitationsentropie«, die gemäß dem Zweiten Hauptsatz der Thermodynamik zunimmt. Sehr wahrscheinlich existiert eine solche Entropie. Hawking hat gezeigt, daß die Gravitationsfelder Schwarzer Löcher thermodynamische Eigenschaften haben – aber Schwarze Löcher expandieren nicht in der Zeit, wie unser Universum es tut, und wir wissen noch nicht, was die Gravitationsentropie eines *expandierenden* Universums bestimmt. Für Schwarze Löcher ist die Antwort einfach: Die Oberfläche des Horizonts eines Schwarzen Loches bestimmt seine Gravitationsentropie. Penrose und andere haben vorgeschlagen, daß eine Messung der mit seiner Oberfläche zusammenhängenden Regelmäßigkeit des Universums uns etwas über seine Gravitationsentropie sagen könnte. Wenn die Expansionsgeschwindigkeit in jeder Richtung und an jedem Ort dieselbe wäre, würde die Entropie sehr klein sein. Wenn die Expansion von Ort zu Ort und von einer Richtung zur anderen chaotisch verschieden wäre, würde die Entropie hoch sein.

Wenn die Gravitationsentropie, wie auch immer sie gemessen werden mag, mit der Zeit zunähme, wäre der Anfangszustand des Universums ein Zustand sehr niedriger, wenn nicht gar verschwindender Gravitationsentropie. Wenn wir genau feststellen könnten, welcher Aspekt des Universums uns seine Gravitationsentropie verrät, könnten wir etwas über die Folgen sagen, die sich daraus ergeben, daß sie am Anfang des Universums sehr niedrig war. Bisher war uns das nicht möglich.

Keines dieser »Prinzipien« bezüglich des Ursprungs des Universums empfiehlt sich sonderlich als Weg zur Lösung des größten Problems der Kosmologie. Alle sind hochgradig spekulativ. Es sind reine Ideen. Allerdings ist *jeder* Versuch, die Struktur des Universums, die wir heute beobachten, aus ersten Prinzipien zu erklären, mit einem wesentlichen Vorbehalt versehen.

Sie erinnern sich, daß wir einen Unterschied gemacht haben zwischen dem Universum als einem Ganzen und jenem endlichen Teil von ihm, von dem uns seit seinem Anfang Licht erreichen konnte. Diesen Teil haben wir als »sichtbares Universum« bezeichnet. Das sichtbare Universum ist notwendig von endlicher Ausdehnung. Wenn wir sagen, daß wir die Struktur des Universums erklären möchten, meinen wir, daß wir die Form des sichtbaren Universums erklären möchten. Das *gesamte* Universum könnte jedoch von endlicher oder auch von unendlicher Ausdehnung sein. Wir werden es nie wissen. Wenn es unendlich groß ist, wird der sichtbare Teil immer nur ein infinitesimaler Teil des Ganzen sein.

Diese Beschränkungen lassen es sehr fraglich erscheinen,

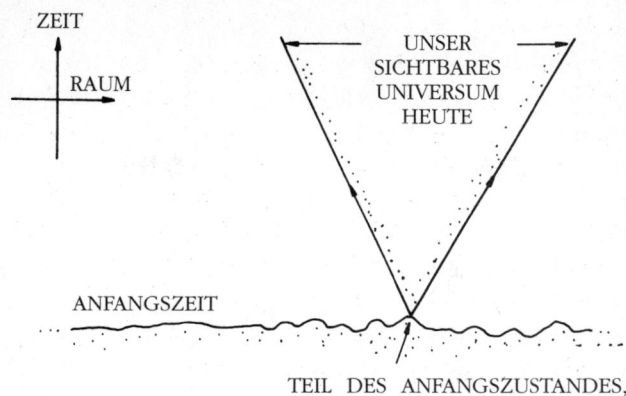

ZEIT

RAUM

UNSER
SICHTBARES
UNIVERSUM
HEUTE

ANFANGSZEIT

TEIL DES ANFANGSZUSTANDES,
DER UNSEREN SICHTBAREN TEIL
DES UNIVERSUMS HEUTE DETER-
MINIERT

Abbildung 8.2: Unser heute sichtbares Universum expandiert mit Lichtgeschwindigkeit aus einem Punkt im Anfangszustand des Universums.
Der beobachtete Teil des Universums ist bestimmt von den Bedingungen in diesem Punkt, nicht von den allgemeinen Bedingungen des gesamten Anfangszustandes, der seinerseits diktiert wurde von einem
»Prinzip«, das die Anfangsbedingungen bestimmt.

daß große Prinzipien uns im Hinblick auf den Anfangszustand des *gesamten* Universums weiterhelfen. In unserem
Bild von der Expansion des Universums hat der sichtbare Teil
sich von einem Punkt oder einer winzigen Region des Anfangszustandes aus ausgedehnt, wie in Abbildung 8.2 dargestellt ist.

Die Struktur des heute sichtbaren Universums ist nur das
erweiterte Abbild der Bedingungen in einer winzigen Region
des Anfangszustandes. Auf der anderen Seite liefert uns das
große »Prinzip« eine allgemeine Vorschrift für den Anfangszustand des gesamten Universums. Selbst wenn diese Vorschrift korrekt wäre, so wäre sie doch nicht das, was wir brauchen, um das sichtbare Universum zu verstehen. Wir müssen
etwas über die besonderen lokalen Umstände wissen, die in

159

der winzigen Region des Anfangszustandes existierten, die zu unserem sichtbaren Universum wurde. Diese Region könnte in mancher Hinsicht atypisch gewesen sein, da sie sich zu einem Zustand ausgedehnt hat, in dem sich Beobachter entwickeln können. Die Evolution von Beobachtern setzt, wie wir gesehen haben, voraus, daß die Region viele ungewöhnliche Eigenschaften besitzt. Das Universum mag in einem Zustand minimaler Gravitationsentropie begonnen haben, doch ist damit die Struktur des sichtbaren Universums kaum zu erklären, da das sichtbare Universum aus der Expansion einer anomalen Fluktuation hervorgegangen sein könnte – und nicht aus dem allgemeinen Zustand, den die Bedingung minimaler Entropie vorschrieb. Die Beschränkung unserer empirischen Kenntnisse über das Universum auf die sichtbare Region bedeutet außerdem, daß wir die Folgerungen aus einer Vorschrift für den Anfangszustand des gesamten Universums niemals nachprüfen können. Was wir sehen, sind nur die evolutionären Folgen eines winzigen Teils dieses Anfangszustandes. Vielleicht werden wir eines Tages etwas über die Ursprünge unserer engeren kosmischen Umgebung sagen können. Doch die Ursprünge *des* Universums können wir niemals kennen. Die tiefsten Geheimnisse sind jene, die sich selbst bewahren.

Literatur

Kapitel 1:

Barrow, John D./Silk, Joseph: *Die linke Hand der Schöpfung. Der Ursprung des Universums.* Heidelberg: Spektrum Akademischer Verlag, 1995.

Cornell, James (Hg.): *Bubbles, Voids, and Bumps in Time. The New Cosmology.* Cambridge: Cambridge University Press, 1989.

Ferris, Timothy: *Coming of Age in the Milky Way.* New York: William Morrow, 1988.

–: *Das Weltall und ich. Eine unterhaltsame Einführung in die neuen Wissenschaften von Mensch, Erde und Kosmos.* Frankfurt a. M.: Insel, 1995.

–: *Das intelligente Universum. Ein Blick zurück auf die Erde.* München: dtv, 1995.

Gribbin, John: *Am Anfang war… Neues vom Urknall und der Evolution des Kosmos.* Basel: Birkhäuser, 1995.

Harrison, Edward R.: *Kosmologie, Die Wissenschaft vom Universum.* Darmstadt: Darmstädter Blätter, 1990.

Long, Charles H.: *Alpha. The Myths of Creation.* New York: George Braziller, 1963.

Muller, Richard A.: »The Cosmic Background Radiation and the New Aether Drift«. In: *Scientific American,* Mai 1978, S. 64–74.

Munitz, Milton K. (Hrsg.): *Theories of the Universe. From Babylonian Myth to Modern Science.* New York: The Free Press, 1957.

Rowan-Robinson, Michael: *Das Universum der Sterne. Himmelsbeobachtungen und Streifzüge durch die moderne Astronomie.* Heidelberg: Spektrum Akademischer Verlag, 1992.

Silk, Joseph: *Der Urknall. Die Geburt des Universums*. Basel: Birkhäuser, 1990.

Kapitel 2:

Barrow, John D./Tipler, Frank J.: *The Anthropic Cosmological Principle*. Oxford: Oxford University Press, 1986.
Berendzen, Richard/Hart, Richard/Seeley, Daniel: *Man Discovers the Galaxies*. New York: Science History Publications, 1976.
Bertotti, Bruno/Balbinot, Roberto/Bergia, Silvio/Messina, Andrea: *Modern Cosmology in Retrospect*. Cambridge: Cambridge University Press, 1990.
Brush, Stephen G.: *The Kind of Motion We Call Heat*. Amsterdam: North-Holland, 1976.
North, John D.: *The Measure of the Universe*. New York: Dover, 1990.

Kapitel 3:

Close, Frank E.: *The Cosmic Onion. Quarks and the Nature of the Universe*. London: Heinemann, 1983.
Davies, Paul C. W: *Space and Time in the Modern Universe*. Cambridge: Cambridge University Press, 1977.
–: *The Edge of Infinity*. London: Dent, 1981.
Lederman, Leon M./Schramm, David N.: *Vom Quark zum Kosmos. Teilchenphysik als Schlüssel zum Universum*. Heidelberg: Spektrum Akademischer Verlag, 1990.
Tayler, Roger J.: *Hidden Matter*. Chichester: Ellis Horwood, 1991.
Weinberg, Steven: *Die ersten drei Minuten. Der Ursprung des Universums*. München: Piper, 7. Aufl., 1992.
Wheeler, John A.: *Gravitation und Raumzeit. Die vierdimensionale Ereigniswelt der Relativitätstheorie*. Heidelberg: Spektrum Akademischer Verlag, 1991.

Kapitel 4:

Barrow, John D.: *Die Natur der Natur. Wissen an den Grenzen von Raum und Zeit*. Reinbek b. Hamburg: Rowohlt, 1996.
Carrigan, Richard A./Trower, W. Peter: *Particle Physics in the Cosmos. Readings from Scientific American*. San Francisco: W. H. Freeman, 1989.
–: *Particles and Forces. At the Heart of the Matter*. San Francisco: W. H. Freeman, 1990.

Georgi, Howard: »Grand Unified Theories«. In: Davies, Paul C. W. (Hrsg.): *The New Physics*. Cambridge: Cambridge University Press, 1989.

Guth, Alan H./Steinhardt, Paul: »The Inflationary Universe«. In: *Scientific American,* Mai 1984, S. 116–120.

Krauss, Lawrence M.: *Schwarze Materie*. Frankfurt a. M.: Insel, 1995.

Pagels, Heinz R.: *Perfect Symmetry*. London: M. Joseph, 1985.

Trefil, James: *The Moment of Creation*. New York: Scribners, 1983.

–: *Fünf Gründe, warum es die Welt nicht geben kann. Die Astrophysik der Dunklen Materie*. Reinbek b. Hamburg: Rowohlt, 1992.

Tryon, Edward P.: »Cosmic Inflation«. In: *The Encyclopedia of Physical Science and Technology*. Band 3. New York: Academic Press, 1987.

Zee, Anthony: *Magische Symmetrie. Die Ästhetik in der modernen Physik*. Frankfurt a. M.: Insel, 1993.

Kapitel 5:

Barrow, John D.: *Theorien für Alles. Die Suche nach der Weltformel*. Reinbek b. Hamburg: Rowohlt, 1994.

Chown, Marcus: *The Afterglow of Creation*. London: Arrow, 1993.

Davies, Paul C. W.: *Other Worlds*. London: Dent, 1980.

–: *Sind wir allein im Universum? Über die Wahrscheinlichkeit außerirdischen Lebens*. München: Scherz, 1996.

Gamow, George: *Mr. Tompkins in Paperback*. Cambridge: Cambridge University Press, 1965.

Gribbin, John/Rees, Martin: *Cosmic Coincidences*. New York: Bantam, 1989.

Hey, Anthony/Walters, Patrick: *Quantenuniversum. Die Welt der Wellen und Teilchen*. Heidelberg: Spektrum Akademischer Verlag, 1990.

Linde, Andrei D.: »The Universe: Inflation out of Chaos«. In: *New Scientist,* März 1985, S. 14–16.

Pagels, Heinz R.: *The Cosmic Code. Quantum Physics As the Language of Nature*. New York: Simon & Schuster, 1982.

Powell, C. S.: »The Golden Age of Cosmology«. In: *Scientific American,* Juli 1992, S. 9–12.

Rowan-Robinson, Michael: *Ripples in Time*. San Francisco: W. H. Freeman, 1993.

–: *Das Flüstern des Urknalls. Die verschlüsselten Botschaften vom Anfang des Universums*. Frankfurt a. M.: Insel, 1997.

Smoot, George/Davidson, Keay: *Das Echo der Zeit. Auf den Spuren der Entstehung des Universums*. München: C. Bertelmann, 1995.

Kapitel 6:

Grünbaum, Adolf: »The Pseudo-problem of Creation in Cosmology«. In: *Philosophy of Science* 56 (1989): 373.

Hartle, James B./Hawking, Stephen W.: »Wave Function of the Universe«. In: *Physical Review D* 28 (1983): 2960.

Hawking, Stephen W.: *Eine kurze Geschichte der Zeit. Die Suche nach der Urkraft des Universums*. Reinbek b. Hamburg: Rowohlt, 1991.

–: »The Edge of Spacetime«. In: Davies, Paul C. W. (Hrsg.): *The New Physics*. Cambridge: Cambridge University Press, 1989.

Isham, Christopher J.: »Creation of the Universe as a Quantum Process«. In: Russell, Robert J./Stoeger, William/Coyne, George V. (Hrsg.): *Physics, Philosophy, and Theology*. Notre Dame, Ind.: University of Notre Dame Press, 1988.

Vilenkin, Alex: »Boundary Conditions in Quantum Cosmology«. In: *Physical Review D* 33 (1982): 3560.

–: »Creation of Universes from Nothing«. *Physics Letters B* 117 (1982): 25.

Kapitel 7:

Barrow, John D./Tipler, Frank J.: *The Anthropic Cosmological Principle*. Oxford: Oxford University Press, 1986.

Blau, Steven K./Guth, Alan H.: »Inflationary Cosmology«. In: Hawking, Stephen W./Israel, Werner (Hrsg.): *300 Years of Gravitation*. Cambridge: Cambridge University Press, 1987.

Coleman, Sidney: »Why There Is Something Rather Than Nothing: A Theory of the Cosmological Constant«. In: *Nuclear Physics B* 310 (1988): 643.

Drees, William B.: *Beyond the Big Bang. Quantum Cosmology and God*. La Salle, Ill.: Open Court, 1990.

Halliwell, Jonathan J.: »Quantum Cosmology and the Creation of the Universe«. In: *Scientific American,* Dezember 1991, S. 28–35.

Hawking, Stephen W.: »Wormholes on Spacetime«. In: *Physical Review D* 37 (1988): 904.

Hoyle, Fred: *Galaxies, Nuclei, and Quasars*. London: Heinemann, 1964.

–: *Kosmische Katastrophen und der Ursprung der Religion*. Frankfurt a. M.: Insel, 1977.

Leslie, John: *Universes*. London: Macmillan, 1989.

Weinberg, Steven: »The Cosmological Constant Problem«. In: *Review of Modern Physics* 61 (1989): 1.

Kapitel 8

Barrow, John D.: »Observational Limits on the Time-evolution of Extra Spatial Dimensions«. In: *Physical Review D* 35 (1987): 1805.

–: *Theorien für Alles. Die Suche nach der Weltformel.* Reinbek b. Hamburg: Rowohlt, 1994.

–: »Unprincipled Cosmology«. In: *Quarterly Journal of the Royal Astronomical Society* 34 (1993): 117.

Davies, Paul S. W./Brown, Julian R. (Hrsg.): *Superstrings. Eine Allumfassende Theorie der Natur in der Diskussion.* München: dtv, 1996.

Green, Michael B.: »Superstrings«. In: *Scientific American*, September 1986, S. 48–60.

Peat, F. David: *Superstrings. Kosmische Fäden. Die Suche nach der Theorie, die alles erklärt.* Hamburg: Hoffmann & Campe, 1989.

Penrose, Roger: *The Emperor's New Mind. Concerning Computers, Minds, and the Laws of Physics.* Oxford: Oxford University Press, 1989.

Personenregister

Kursiv gesetzte Ziffern verweisen auf die Abbildungen.

Sachregister

Kursiv gesetzte Ziffern verweisen auf die Abbildungen.

GOLDMANN

SCIENCE MASTERS

John Barrow
Der Ursprung des Universums 15061

Richard Dawkins, Und es entsprang
ein Fluß in Eden   12784

Richard Leakey
Die ersten Spuren   15031

Paul Davies
Die letzten drei Minuten   15008

Goldmann • Der Taschenbuch-Verlag